不焦虑

李世强 著

民主与建设出版社

·北京·

图书在版编目（CIP）数据

不焦虑 / 李世强著. —— 北京：民主与建设出版社，
2024. 11. —— ISBN 978-7-5139-4787-9

Ⅰ. B842.6-49

中国国家版本馆CIP数据核字第2024TN6210号

不焦虑
BU JIAOLU

著　　者	李世强	
责任编辑	彭　现	
特约策划	邓敏娜　　王雅静	
封面设计	MM末末美书 QQ:974364105	
版式设计	姚梅桂	
出版发行	民主与建设出版社有限责任公司	
电　　话	（010）59417749　　59419778	
社　　址	北京市朝阳区宏泰东街远洋万和南区伍号公馆4层	
邮　　编	100102	
印　　刷	长沙鸿发印务实业有限公司	
版　　次	2024年11月第1版	
印　　次	2025年1月第1次印刷	
开　　本	880毫米×1230毫米　　1/32	
印　　张	7	
字　　数	200千字	
书　　号	ISBN 978-7-5139-4787-9	
定　　价	42.00元	

注：如有印、装质量问题，请与出版社联系。

前　言

　　在当今快节奏的社会中，焦虑似乎成了常态。人们在工作、学习，甚至日常生活中都可能会感到"压力山大"。然而，有一种力量，能够帮助我们面对这些挑战，那就是内心的平静和坚韧。本书将探讨如何通过改变我们的思维方式来缓解焦虑。

　　首先，我们要认识到，焦虑并不完全是负面的。它是人类进化过程中形成的一种生存机制，可以帮助我们警觉潜在的危险。问题在于，当这种警觉变得过度时，它就会影响我们的生活质量。因此，我们需要学会如何管理我们的焦虑，而不让它控制我们。

　　其次，常怀感恩之心能让我们在日常生活中少一些焦虑。当我们专注于生活中的积极方面时，我们的思维就会从担忧和恐惧中解脱出来。感恩可以是对小事的欣赏，比如一杯温暖的咖啡，或是对重要人物的感激，比如支持我们的家人和朋友。

　　再次，接受不确定性也是减轻焦虑的关键。生活本身就是不可预测的，试图控制一切只会增加我们的焦虑。当我们接受了不确定性，我们就可以更加灵活地应对生活中的变化，而不是被恐惧所束缚。

　　最后，我们要意识到，我们的思维方式对我们的情绪有着巨大的影响。通过积极的自我对话和反思，我们可以逐渐改变那些导致焦虑的消极思维模式。这不是一蹴而就的过程，而是需要时间和耐心的。

我们每个人的经历都是独一无二的，因此找到适合自己的方式至关重要。记住，焦虑不是我们生活的主宰，我们有能力通过内在的力量来克服它。

《不焦虑》这本书的诞生，正是为了回应这个时代的呼声，为那些在生活的纷扰中寻求宁静的人提供一份指南。

这本书不仅仅是关于减少焦虑的技巧或方法的介绍，它更是一次深入心灵的探索之旅。作者通过自身的经历和观察，带领读者一步步走进内心深处，去理解焦虑的根源，去发现那些被忽视的情感和需求，去学习如何与自己和解，如何在生活的矛盾中找到平衡点。

"不焦虑"不仅是本书的书名，也是本书倡导的一种态度、一种选择、一种生活方式。它鼓励我们放慢脚步，深呼吸，感受当下，欣赏生活中的小确幸。它提醒我们，即使在最混乱的时刻，我们也能找到内心的宁静和力量。

让我们一起翻开这本书，开始我们的"不焦虑之旅"吧。在这个旅程中，我们或许会遇到挑战，但也会有收获和成长。我们将学会如何在不确定中找到确定，在变化中找到恒常，在忙碌中找到宁静。

愿这本书成为你的良师益友，帮助你在生活的旅途中找到属于自己的"不焦虑之道"。

目 录
CONTENTS

1 追根溯源，
你到底因何焦虑

2 社交焦虑，
人群没有你想的那么可怕

3 职场焦虑，
你没有自己想象的那么不堪

4　生存焦虑，无形的压力让我无法喘息

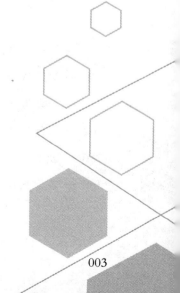

5 婚姻焦虑，对方真的是我可以托付的人吗

6 养育焦虑，别想着控制孩子的一切

7　科学脱焦，摆脱焦虑的自我疗愈法

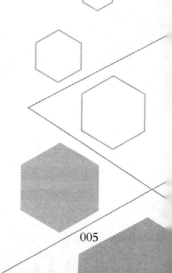

追根溯源，
你**到底**因何焦虑

焦虑：人类共有的情感体验

焦虑是一种普遍存在的情感状态，几乎每个人在生活中都会经历。它是一种复杂的情绪反应，通常与对未知或潜在威胁的担忧有关。焦虑感可能源于多种因素，包括个人经历、心理状态、环境压力等。

从理论角度来看，焦虑可以被视为一种生存机制，它使人类能够对潜在的危险做出快速反应。在进化过程中，焦虑作为一种警觉状态，帮助我们的祖先避免了威胁，从而保护了他们的生命。然而，在现代社会，这种本能反应有时会被过度激活，导致个体在没有实际威胁的情况下也感到焦虑。

心理学家将焦虑分为几种不同的类型，如普遍性焦虑障碍、恐慌障碍、社交焦虑障碍等。这些分类能帮助我们更好地理解焦虑的多样性和复杂性。尽管焦虑的表现形式很多，但它们都有一个共同点：过度的担忧和恐惧感。

焦虑的理论研究不仅帮助我们认识到这是一种普遍的情感体验，而且还揭示了人类如何在面对压力和挑战时保持适应性。通过理解焦虑的本质和功能，我们可以更加宽容地看待自己和他人的焦虑感受，而不是简单地将其视为负面情绪。

> 刘野是一位即将毕业的大学生。他成绩优异，对自己的未来充满了期待和梦想。然而，随着毕业的临近，他开始感到焦虑和压力。他担心自己找不到理想的工作，担心不能满足父母的期望，也担心自己的职业发展。

刘野的焦虑逐渐影响到了他的日常生活。他开始失眠，经常在夜里辗转反侧，思考着各种可能的未来场景。他的食欲也受到了影响，有时候会因为焦虑而完全没有食欲。他的社交活动也减少了，他更愿意独自一人待着，避免与人交流。

在一次重要的面试前夕，刘野的焦虑达到了顶点。他整夜未眠，心跳加速，感觉自己几乎要崩溃。就在这个关键时刻，他的一位老师给了他一些宝贵的建议。老师告诉他，焦虑是正常的，它是人类对未知的自然反应。老师还鼓励他接受这种情感，将其转化为动力。

刘野开始尝试各种方法来管理自己的焦虑，包括冥想、运动和与朋友交流。他逐渐学会了如何将焦虑转化为积极的能量，这让他在面试中表现出色。

最终，他找到了一份满意的工作，并且开始了他的职业生涯。他开始重新享受生活，也恢复了与朋友的联系。

刘野的故事告诉我们，焦虑是可以被管理和克服的。通过正确的方法和适当的支持，每个人都可以找到克服焦虑的途径，享受更加充实和快乐的生活。焦虑虽然是一种普遍的情感体验，但它不应该成为阻挡我们追求梦想的障碍。让我们勇敢地面对焦虑，做一些脱焦（摆脱焦虑）训练，寻找属于自己的解决之道。

脱焦健身房

那么，我们具体应该如何做呢？

1. 学习放松技巧

使用放松技巧是缓解焦虑的有效方法之一。深呼吸、渐进式肌肉放松和冥想都是常见的放松技巧。例如，深呼吸练习可以通过缓慢而有意识地控制呼吸来减轻紧张感。渐进式肌肉放松涉及有序地绷紧和放松身体不同部位的肌肉群，从而达到全身放松的效果。冥想则是通过专注于某个对象、声音或自己的呼吸来清空心中杂念，帮助人们回到当下，远离焦虑的思绪。

2. 正念和认知行为疗法

正念是一种让人保持在当前时刻的练习，可以帮助人们观察自己的思维和感受而不做出评判。认知行为疗法是一种心理治疗形式，它教导人们识别和挑战不合逻辑的负面思维模式，并用更积极的方式替代。这些技巧可以帮助人们理解和管理引起焦虑的思维过程，从而降低焦虑发生的频率和强度。

3. 生活方式的调整

改变生活方式也是应对焦虑的重要方法。规律的运动锻炼可以让身体释放内啡肽，改善心情和睡眠质量，降低压力水平。保持健康的饮食习惯，避免过多摄入咖啡因和糖，也有助于稳定情绪。此外，确保充足的睡眠和建立稳定的睡眠模式对于缓解焦虑至关重要。在社交活动和支持性的人际关系中得到的情感支持，也能帮助人们应对压力和焦虑。

以上方法都是经过研究验证的，可以帮助人们以健康的方式管理和缓解焦虑。当然，每个人的情况都不同，可能需要尝试不同的方法来找到最适合自己的应对策略。如果焦虑影响了日常生活，寻求专业的心理健康服务是非常重要的。

总的来说，焦虑是一个复杂的现象，它涉及生物学、心理学和社会学等多个领域。对焦虑的深入理解有助于我们认识到，这不仅是个人的体验，也是人类共有的情感。虽然焦虑有时可能带来不适，但它也是我们与生俱来的一部分，是我们情感世界的重要组成。

现代社会，
为何越来越多的人被焦虑困扰

在快节奏的现代生活中，焦虑似乎成了一个普遍的话题。从社会学家的观察到心理健康报告，不同的研究都在试图解释这一现象。清华大学社会科学学院院长王天夫教授在他的演讲中提到，尽管我们的生活变得更加便利，物质更加丰富，但焦虑的情绪却越来越普遍。这种感觉无处不在，让人难以逃避。

焦虑的原因多种多样，从个人的容貌焦虑到年龄焦虑，再到教育焦虑，每个人都可能因为不同的原因感到焦虑。例如，容貌焦虑在一些文化中非常普遍，人们可能因为外貌而感到不安，这种不安感甚至可能影响到他们的职业和社交生活。年龄焦虑也是一个重要的问题，特别是在职场中，35岁似乎成了一个关键的年龄节点，许多人觉得在这个年龄如果没有达到某些成就便意味着失败。

《中国国民心理健康发展报告（2019～2020）》显示，18至34岁的青年是焦虑程度最高的群体。这可能与工作压力的增大、生活节奏的加快以及社交媒体上选择性曝光的生活方式有关。年轻人很容易对自己的生活状态感到不满意，加上这是个信息爆炸的时代，他们往往没有足够的时间来甄别和消化这些信息。

社会经济的快速发展、社会风险因素的增加、个人信仰的丢失以及社会秩序和规则体系的缺失，都是产生社会焦虑的主要原因。在这样的背景下，人们感到不确定和不安全，担心自己无法适应这个快速变化的世界。

李华在一家知名科技公司担任软件工程师，他的工作表现一直很出色。然而，随着工作难度的增加，他开始感到焦虑和有压力。每天面对电脑屏幕处理复杂的代码，加上项目截止日期的临近，李华发现自己越来越难以放松。他的睡眠质量下降，经常感到疲惫和心烦意乱。

　　这天，李华正坐在办公室里忙碌地敲着键盘，突然，他感到心跳加速、呼吸不畅，额头上隐约可见细密的汗珠，一种难以名状的压力让他喘不过气来，最后，两眼一黑，他就昏了过去。

　　再醒来时，李华发现自己躺在医院的病床上。医生告诉他，他是由于压力过大引起焦虑，导致身体出现不适症状，长此以往，焦虑可能会影响他的健康和职业生涯。

　　医生为他推荐了专业的心理咨询师，让他寻求专业人士帮忙。李华接受了医生的建议，找了心理咨询师。在心理咨询师的帮助下，李华学会了一些缓解压力和焦虑的技巧，比如冥想、深呼吸和定期锻炼。

　　李华还开始改变自己的生活方式。他尝试减少加班时间，确保有足够的休息。他还开始参与户外活动，如徒步和骑行，这些活动能帮助他放松心情，享受自然的美好。此外，他还开始培养新的爱好，如摄影和烹饪，这些活动让他的生活更加多彩。

　　通过这些努力，李华的焦虑症状有了明显的改善。他不再那么害怕面对工作中的挑战，也学会了如何更好地管理自己的时间和情绪。

　　李华的故事反映了一个普遍现象：在快节奏和高压力的环境中，越来越多的人感到焦虑。它提醒我们，关注心理健康和寻求专业帮助是至关重要的。同时，它也强调了平衡工作和生活、培养健康生活习惯的重要性。通过这样的方式，我们可以更好地应对现代社会带来的挑战，享受更加幸福和满足的生活。

脱**焦**健身房

那么，当焦虑来临时，应该如何应对呢？

1. 增强自我意识

认识到焦虑的触发因素是管理焦虑的第一步。通过日记记录、心理咨询或自我反思，我们可以更好地理解自己的情绪，并识别出导致焦虑的具体情境。这有助于我们在面对类似情况时采取预防措施。

2. 建立健康的生活习惯

规律的饮食和睡眠模式、适量的运动以及避免过度摄入咖啡因和酒精，都能够对抗焦虑。例如，瑜伽和冥想等放松技巧可以帮助人们减轻紧张感，提高身心的和谐度。

3. 寻求社会支持

与家人、朋友或同事分享自己的感受可以得到情感支持，减轻孤独感。参与社区活动或加入支持小组也能够得到帮助和指导。此外，如果焦虑影响到日常生活，寻求专业的心理健康服务是非常重要的。

虽然现代社会的压力无法完全消除，但通过上述方法，人们可以学会更好地管理焦虑，提高生活质量。记住，寻求帮助并不是脆弱的表现，而是自我关怀和成长的一部分。如果你正在经历焦虑，不要犹豫，赶紧寻求专业的帮助。

现代社会的焦虑是一个复杂的现象，它涉及个人、社会和文化的多个层面。理解焦虑的根源并采取有效的应对措施，对于保障个人和社会的心理健康至关重要。随着社会的发展，我们需要更多的研究和公共政策来应对这一挑战，帮助人们建立更加健康、和谐的生活方式。

没钱焦虑，有钱同样感到焦虑

在现代社会，金钱被视为成功和安全感的象征。然而，无论是贫穷还是富有，焦虑似乎都是人们共同的情绪体验。这种现象引发了一个问题：金钱真的能买到幸福吗？

对于那些经济拮据的人来说，金钱的缺乏带来了明显的焦虑。他们可能会担心基本生活需求，如食物、住所和医疗保健。这种类型的焦虑是可预见的，因为它直接关系到生存。

然而，即使是那些经济条件优越的人，也可能会感到焦虑。这种焦虑可能源于对财富的保护、投资的不确定性，或是对社会地位的担忧。此外，富有也可能带来额外的责任和压力，如管理财产、维护社会关系和满足更高的生活标准。

这种现象表明，焦虑并不仅仅是贫穷的副产品，也是富裕生活的一部分。这反映了一个更深层次的真相：幸福和内心的平静不完全取决于外在的财富，而是与个人的心态、价值观和生活方式密切相关。

王威以前是一个普通的上班族，每天为了三餐温饱而焦虑，更因为看不到未来而发愁。但王威是一个敢想敢干的人，他在经历了长时间的经济困难后，终于通过自己的努力和一些幸运，创立了自己的小公司。起初，他感到非常焦虑，担心支付不起房租和日常开销。然而，随着公司的逐渐成功，他的经济状况有了显著的改善。

但是，王威很快发现，即使有了足够的钱，他的焦虑也并没有消失。相反，他开始担心更多的事情：公司的未来、员工的福祉，以及如何合理地投资和保存他的财富。他发现，随着财富的增加，他的责任和压力也在增加。他开始怀疑，真正的幸福是否只是一个幻象。

王威的故事反映了一个普遍的现象：焦虑是一种复杂的情感，它不仅仅与我们的财务状况有关，还与我们的心理状态、价值观和生活方式有关。它提醒我们，无论我们处于生活的哪个阶段，都需要学会管理自己的情绪，寻找内心的平静和满足。

通过王威的故事，我们可以看到，解决焦虑的关键不在于拥有多少钱，而在于如何看待和处理我们的内心世界。我们需要认识到，真正的幸福和满足来自对生活的积极态度、健康的心理状态，以及与家人和朋友的良好关系。

脱焦健身房

面对财务焦虑，无论是在经济拮据还是财务充裕的情况下，都可以采取以下策略来管理和缓解这种焦虑。

1. 建立预算和财务规划

无论财务状况如何，制定一个实际可行的预算都是至关重要的。这有助于我们了解自己的收入和支出，从而做出明智的财务决策。使用预算工具或应用程序可以帮助跟踪支出并避免不必要的开销。

2. 投资于自我提升

教育和技能提升是提高个人价值和潜在收入的有效途径。通过在线课程、研讨会或是其他形式进行学习，增强自己的技能，可以为未来的财务安全打下基础。

3. 寻求专业财务咨询

如果你感到不知所措，寻求专业的财务顾问的帮助是一个明智的选择。他们可以提供个性化的建议，帮助你制定长期和短期的财务目标，并制定实现这些目标的策略。

通过这些方法，我们可以更好地掌握自己的财务状况，缓解由金钱引起的焦虑。记住，财务健康是一个持续的过程，需要时间和努力来维护。保持积极的态度，相信你可以掌控自己的财务未来。

最重要的是，我们需要认识到，虽然金钱是生活中的重要资源，但它不是衡量幸福的唯一标准。通过理解金钱与焦虑之间的复杂关系，我们可以更好地探索如何在物质和精神之间找到平衡，从而实现更加充实和满足的生活。

互联网时代，焦虑成了一种病

在互联网时代，焦虑已经成了一种普遍的情绪状态。这个时代的特征是信息流的加速、科技的飞速发展、社会环境的快速变革以及日益激烈的竞争，这些因素共同作用于个体、环境和社会各个层面，导致人们常常感到无所适从、不知所措，甚至产生经常性的压力和不安。

个体层面上，焦虑情绪与每个人的自身感受和经验密切相关。自我价值认同的缺失、过大的压力和对未来的恐惧都是引发焦虑的重要因素。在环境层面，社交媒体的普及和工作压力的增大也为焦虑情绪的产生提供了温床。而在社会层面，激烈的竞争和消费主义的盛行进一步加剧了人们的焦虑感。

互联网时代的焦虑不仅仅是个体的问题，它反映了更深层次的社会和文化问题。社会比较机制的强化、时代与文化的背景效应都在不同程度上推动了焦虑感的普遍化。互联网工具焦虑症的出现，更是体现了现代人对互联网工具的过度依赖以及对自身能力的担忧。

面对这样的现实，我们需要认识到，焦虑虽然是一个普遍的情绪状态，但它也可以是成长和进步的催化剂。通过积极的心态和有效的策略，我们可以将焦虑转化为动力，促使自己不断学习、适应变化，并最终实现个人的成长和社会的进步。在互联网时代，我们更应该学会如何管理自己的情绪，如何在信息的海洋中保持清晰的头脑，如何在快节奏的生活中找到属于自己的平衡点。

李薇，一位25岁的自媒体运营者，每天坐在她家中的工作角落里，双眼紧盯着电脑屏幕。她的手指在键盘上快速舞动，发布一条又一条精心策划的内容。她的社交媒体账号拥有数十万的粉丝，每一次点赞和转发都能给她带来短暂的满足感。

然而，随着每一次刷新，她的内心也跟着起伏。她焦虑地等待着新发布内容的反响，担心"已读不回"或"无人点赞"的情况出现。在这个信息爆炸的时代，李薇感到自己正与成千上万的内容创作者争夺着观众的注意力。她担心自己的影响力一旦下降，就会被无情地淘汰。

李薇的焦虑并非个例。在互联网时代，人们的社交活动越来越多地转移到了线上。社交媒体的兴起让人们的联系更加紧密，但同时也带来了前所未有的压力。个体的价值似乎开始取决于在线上的"点赞"和"关注"，而这些虚拟的认可变得越来越难以捉摸。

现在，李薇正在尝试调整自己的心态，学习如何在不断变化的互联网世界中找到自己的位置。她开始参加一些线下的社群活动，通过和人的沟通远离互联网带来的焦虑。她还在休息时去到郊外，试图在快节奏的生活中找到片刻的宁静。她意识到，真正的幸福和满足感不应该只依赖于屏幕另一端的认可，而是要建立在现实生活中的健康人际关系和自我成长上。

几个月后，李薇有了显著的变化，她的焦虑情绪缓解了。因为有了新的感悟，她撰写的文章和拍摄的短视频都有了不一样的新鲜感，观看的人数反而变多了。因此她更加享受现实生活中的互动，也更加热爱这一切。

这个故事反映了互联网时代人们普遍面临的焦虑问题，特别是那些在社交媒体上寻求认同和成功的年轻人。它提醒我们，虽然互联网为我们提供了连接的便利，但也不应忽视它可能带来的心理压力。

那么，互联网为何会给人们带来如此大的焦虑呢？

1. 信息过载

互联网提供了前所未有的信息获取方式，但这也导致了信息过载。人们在尝试消化和理解海量信息的过程中，往往感到压力巨大，这种压力可能会转化为焦虑。信息的快速流动和更新速度使得人们难以跟上，感到控制力下降，从而产生焦虑感。

2. 社会比较

社交媒体的兴起让人们更容易与他人进行比较。看到他人的成功和幸福生活，人们可能会对自己的生活感到不满足，从而产生焦虑。这种比较可能是有意识的，也可能是无意识的，但它无疑都增加了人们的焦虑。

3. 未来不确定性

互联网时代的快速变化带来了很多不确定性。技术的发展和职业的变迁使得人们对未来感到不确定和恐惧。对未来的担忧和恐惧可以导致长期的焦虑，特别是当人们担心自己无法适应未来的变化时。

总的来说，互联网时代虽然带来了便利和机遇，但也带来了新的挑战和压力。如何管理和调整自己的情绪、如何在信息的海洋中找到自己的定位、如何面对未来的不确定性，都是我们需要面对的问题。通过了解焦虑的来源，我们可以更好地应对它，找到适合自己的应对策略，从而减少焦虑对我们生活的影响。

敏感焦虑，莫因外界的刺激而消极

你是否经常感到紧张、担心或害怕？你是否对自己或周围的人有过高的期望？你是否对自己的感受特别敏感？如果你的答案是肯定的，那么你可能是一个内心敏感的人。内心敏感的人是指那些对自己和他人的情绪、想法和行为有着高度关注和反应的人。他们往往有着丰富的想象力，喜欢深入思考问题，对艺术和美感有着敏锐的欣赏力。然而，内心敏感的人也面临着一些挑战，其中最常见的就是焦虑。

焦虑是一种正常的情绪反应，它可以帮助我们应对危险或困难的情境。但是，当焦虑过度或持续，以至于影响我们的日常生活时，就成了一种心理问题。内心敏感的人更容易出现这种情况，因为他们对自己和外界的刺激过于敏感，容易产生消极的思维和情绪，例如担忧、恐惧、不安、自责等。这些思维和情绪会导致身体上的反应，例如心跳加快、出汗、呼吸困难、胃痛等。这些反应又会进一步增加焦虑，形成一个恶性循环。

张乐是一名心理咨询师，有一天，一个年轻的女孩来找张乐寻求帮助。女孩说她最近总是感到紧张和不安，无法集中精力，经常失眠和做噩梦。她觉得自己对什么都没有信心，总是担心自己做错了什么，或者别人会怎么看待她。她说她从小就是一个内向和敏感的人，经常被父母和老师批评和施压，导致她的自尊和自信心都受到打击。她说她想改变自己，但是不知道该怎么做。

张乐听了女孩的故事后，首先给了她一些安慰和鼓励，告诉女孩她并不孤单，也不是不可救药。张乐说敏感并不是一种缺点，而是一种优点，说明她有着丰富的情感和想象力，能够理解和共情别人的感受。张乐说焦虑也不是一种病，而是一种正常的情绪反应，只要适当地调节和管理，就可以变成一种动力和激励。张乐说会陪伴她一起走出困境，帮助她找到自己的价值和幸福。

接下来的几个月里，张乐对她进行了多次的心理咨询和治疗。张乐运用了一些认知行为疗法的技巧，帮助她识别和改变一些不合理和消极的思维模式，比如过度概括、负面标签、灾难化等。张乐也教给她一些放松和应对焦虑的方法，比如深呼吸、冥想、正念、自我肯定等。张乐还鼓励她多参与一些有益的活动，比如运动、阅读、写日记、画画等，来获得更多生活中的乐趣。最重要的是，张乐尊重并肯定了她的个性和选择，让她感受到了被接纳和理解。

经过一段时间的努力，女孩的状况有了明显的改善。她说她现在能够更好地控制自己的情绪，不再那么容易被外界打扰或影响。她说她对自己有了更多的认识和信任，也能够更积极地面对生活中的挑战和困难。她说她开始享受自己的生活，并且对未来充满了希望。

内心敏感的人并不是弱者，而是有着独特的优势和潜力的人。他们只要能够正确地认识和接受自己，学会调节和利用自己的情绪，就可以拥有一种力量，而不是一种负担。他们也可以像其他人一样，拥有自己的幸福和成功。

那么，内心敏感的人如何应对焦虑呢？

1. 认识并接受自己的敏感性

内心敏感并不是一种缺陷或弱点，而是一种个性特征。它有着积极和消极的两面，你需要学会平衡它们。可以利用自己的敏感性来发挥创造力、同理心和洞察力，同时也要注意保护自己免受过度刺激和压力的影响。

2. 调整自己的思维方式

内心敏感的人往往倾向于想象最坏的结果，或者对自己有过高或过低的评价。这些思维方式会增加你的焦虑和不安。你需要学会用更理性和客观的方式来看待问题，避免夸大或否定事实，寻找更多可能性和解决方案。

3. 培养自己的情绪管理能力

内心敏感的人往往对自己和他人的情绪非常在意，但是不一定知道如何有效地表达和调节它们。你需要学会识别、接纳和表达自己的情绪，而不是压抑或逃避它们。你也需要学会放松自己，通过呼吸、冥想、运动等方式来缓解身体上的紧张和不适。

4. 寻求支持和帮助

内心敏感的人往往不愿意向他人展示自己脆弱或不完美的一面，因为担心被误解、批评或拒绝。然而，孤立自己只会加剧你的焦虑和孤独。你需要寻找一些可以信任和理解的人，如亲友、同事、老师、心理咨询师等，与他们分享自己的感受和困惑，寻求他们的支持和帮助。

总之，内心敏感的人更容易焦虑，但是这并不意味着你就无法过上幸福和满足的生活。只要你能够认识并接受自己的敏感性，调整自己的思维方式，培养自己的情绪管理能力，寻求支持和帮助，你就可以克服焦虑，发挥自己的优势，享受自己的生命。

身份焦虑，总是找不到真正的自己

在快节奏的现代生活中，身份焦虑成了许多人共同的心理状态。这种焦虑源于对自我认同的迷茫和对社会角色的不确定感。人们在追求成功和社会认可的过程中，往往会感到压力很大，恐惧自己无法达到期望，或者失去已有的地位和身份。

身份焦虑并不是一个新现象，但在当今社会，它被放大了。社会的多元化和信息的爆炸性增长，使得人们面临更多的选择和可能性，同时也带来了更多的比较和竞争。社交媒体的普及让人们更容易看到他人的成功和幸福，而忽视了背后的努力和挑战。这种"比较陷阱"很容易导致人们对自己的价值和成就产生怀疑。

雪松是一名 30 岁的软件工程师，生活在繁忙的都市。他拥有一个看似完美的生活：一份体面的工作、一个温馨的家庭和一群忠诚的朋友。然而，雪松内心深处却感到一种难以言喻的空虚和焦虑。他总觉得自己失去了某些东西，那是一种真正属于自己的东西。

每天，雪松像机器一样重复着相同的工作，他的生活缺乏激情和创造力。他开始怀疑自己的职业选择是否真的符合自己的兴趣和价值观。他回忆起大学时代对文学和哲学的热爱，那是他感到最自由和最有创造力的时候。但现在，这些都成了遥远的记忆。

一天晚上，雪松偶然在网络上看到一篇关于"身份焦虑"的文章，深有共鸣。他意识到，自己一直在追求社会的期望和标准，从而忽略了内心真正的声音。他决定做出改变，开始探索自己真正的兴趣和激情。

雪松开始利用业余时间写作和阅读，他发现这让他感到非常满足和快乐。他还加入了一个文学俱乐部，结识了许多志同道合的朋友。他们的交流和讨论激发了他的思考和灵感。雪松逐渐找回了自己的初心和自信，他的身份焦虑也随之化解。

通过这个过程，雪松意识到，身份焦虑并不是一个可逃避的问题，而是一个探索自我的机会。他学会了倾听自己的内心，勇敢地追求自己的梦想和热情。

雪松的故事是一个鼓舞人心的案例，它展示了面对身份焦虑时的勇气和决心。它提醒我们，真正的自我不是外界赋予的，而是内心深处自己发现和创造的。通过不断地自我探索和实践，我们可以化解身份焦虑，找到属于自己的道路。

脱焦健身房

那么，该如何化解身份焦虑呢？

1. 自我反思

花时间进行自我反思，是了解自己内心深处的有效方法。每天抽出一些时间，问自己一些深刻的问题，比如："我真正热爱什么？""我最宝贵的价值观是什么？""我想要的生活是什么样子的？"写下这些问题的答案，可以帮助你更清晰地认识自己。

2. 尝试新事物

通过尝试新事物，你可以发现自己以前不知道的兴趣和激情。这可以是新的爱好、新的工作或新的学习机会。每次尝试都是了解自己的一个机会，也是挑战自我极限的一个机会。

3. 社交互动

与不同背景和经历的人交流，可以帮助你看到不同的生活方式和价值观。这不仅可以增加你的同理心，也可以帮助你更好地理解自己在社会中的位置和角色。通过社交，你可以找到共鸣，也可能发现新的自我认同。

通过这些方法，你可以逐步减少身份焦虑，找到真正的自己。记住，这是一个持续的过程，需要耐心和时间。

认同焦虑，
你为何总考虑别人怎么看你

在当今社会，认同焦虑是一个普遍存在的现象，它涉及个人对自己身份的担忧和对他人看法的过度关注。这种焦虑可能源于对社会地位、成就、外貌或其他个人特质的不安全感。人们可能会担心自己无法达到他人或社会的期望，或者特别在意他人的评价。

导致认同焦虑的原因可能有多个。首先，社会文化对个人成功和表现的强调可能导致人们过分关注他人的看法。其次，社交媒体的普及也加剧了这一现象，因为它提供了一个持续展示自己和与他人比较的平台。此外，个人的成长环境、教育背景和早期经历也可能影响一个人对认同的需求和焦虑的程度。

邢乐是一名大学生，他在校园里非常活跃，经常参与各种社团活动。然而，他内心深处却有一种难以言说的焦虑。每当在社团活动中表现出色时，他总是担心别人会怎么评价他。他害怕别人会认为他表现得过于抢眼，或者认为他在博取关注。这种担忧让他在每次活动准备中都感到压力很大。

有一次，邢乐负责组织一场学术讲座。他花费了很多时间和精力准备，希望一切都能完美无缺。讲座当天，他精彩的表现赢得了师生的一致好评。然而，当晚他却辗转反侧，难以入眠。他在想，同学们是否会觉得他表现得太过张扬，认为他在炫耀自己的能力。

邢乐经常会被类似这样的事弄得焦头烂额，每晚都辗转反侧……

这种认同焦虑并非邢乐个人的问题，它反映了当代社会中人们对于他人评价的重视程度。在社交媒体的影响下，人们越来越容易受到外界评价的影响，从而产生认同焦虑。这种焦虑不仅影响个人的心理健康，也可能导致社会关系的紧张。

脱焦健身房

那么，该如何克服认同焦虑呢？

1. 内在价值的发现与确认

认同焦虑往往源于对外界评价的依赖。要减轻这种焦虑，首先需要从内心深处发现并确认自己的价值。这意味着要认识到，无论他人如何看待我们，我们的价值都是固有的，不会因为外界的评价而增减。可以通过写日记、冥想或与信任的朋友交流来探索自己真正的兴趣、激情和目标。当你明白自己的价值不取决于他人的认可时，你就能更加自信地面对外界的评价。

2. 建立健康的自我认知

建立一个积极且现实的自我认知对于克服认同焦虑至关重要。这包括了解自己的长处和短处，并接受它们。通过自我肯定的练习，如每天对自己说三件积极的事情，可以帮助你建立起对自己的信任和尊重。同时，避免不断将自己与他人进行比较，因为每个人都有独特的生活经历和成就。专注于自己的成长和进步，而不是他人的评价。

3.学会界定个人边界

界定个人边界是处理认同焦虑的一个重要方面。这意味着要明确自己愿意接受的行为和不愿意接受的行为，并向他人清晰地传达这些边界。例如，如果某人的评论让你感到不舒服，你可以礼貌地告诉他们你不欣赏这样的评论。通过这样做，我们不仅能保护自己免受负面影响，也能教育他人如何以尊重的方式与我们互动。

认同焦虑是一种常见的心理现象，它源于对他人评价的过度关注。通过这三种方法，个体可以有效地减轻焦虑感，提高生活质量。

未知焦虑，万一我失败了可怎么办

在人生的旅途中，面对未知的焦虑是一种常见的情绪体验。这种焦虑源于对未来发生事情的不确定性和可能的失败的恐惧。出现这一情绪并不可怕，重要的是要认识到，焦虑本身并不是问题，问题在于我们如何处理这种情绪。

生活中，很多人每时每刻都处于焦虑之中，并非他们的生活面对很多危机，而是他们缺乏安全感，总是会为那些未必会发生的事情担忧，也就是常说的杞人忧天。毋庸置疑，未雨绸缪是好，可以在事情发生之前有更多的时间进行充分的思考，从而想出对策，不至于事到临头手忙脚乱。然而，过度思虑周全，导致杞人忧天，就超过了思考的限度，无形中给我们的心理增加了很多负担。曾经有心理学家专门进行了一项实验，让人们把自己担忧的事情写在一张纸上，然后继续像往常一样生活，等到一段时间之后，再让那些人回过头来看自己曾经写下的担忧，大多数人都发现自己担忧的事情根本没有发生，甚至发生了也没有给自己的生活造成任何困扰。这很有力地证明了一个事实，我们的担忧十有八九不会发生，我们的担忧，大多数情况下都是杞人忧天。

马上又要开始考研了，贺洁最近因为担心失败总是睡不着，而且生活也变得很颓废。她想寻求改变但总是失败，想下定决心却又怕自己坚持不下来，坚持一段时间又怕没有成效。

贺洁出现这种情况，主要是因为去年考研失败。自从得知自己无缘进入复试以后，她就一直郁郁寡欢。现在，工作也懒得找，每天在家里睡到中午才起床，一待就是一整天，哪儿也不想去，谁也不想见。

　　贺洁知道自己现在迫切地需要调整心态，改变生活方式和生活习惯，不能再懒惰，不能再因为考研失败就否定自己。可是不知道为什么，三个月来每天就像恶性循环一样，早上不起晚上不睡，拿起手机就查询关于心理学考研的资料，刚查了一半又果断放弃。这种状态，别提考研了，小事都做不好，再这样下去，父母伤心，男友估计也受不了了。男友去年和她一块儿考研，他考上了，她却落单了。现在男友鼓励她继续考研，可是她很害怕。如果能考上还好，如果辛辛苦苦了大半年再次失败，估计她就彻底站不起来了，她真讨厌现在的自己。

　　一件事还没开始做就担心自己这不行那不行，贺洁无疑患上了"失败焦虑症"，或者也可以说是"失败恐惧症"。所谓失败恐惧，医学上的定义是指个体在活动中未达到预期结果而遭受挫折后，对自己今后的处境产生的一种不安、惊慌的消极情绪状态。强烈的失败恐惧可导致神经功能的紊乱和内分泌功能失调。

　　心理学家认为，个体出现严重的失败焦虑和恐惧往往来源于早期不良的家庭教育。有严重的失败恐惧症的人在幼年的时候经常会遇到这样的情况：在学业上获得了较好的成绩，但是父母反应平淡，某次考试失败，父母又会大动肝火，严厉惩罚自己。在这种家庭中成长的孩子，内心总会出现一种不被接受或者不被认同的恐惧感。

　　不科学的心理归因也是一些人对失败产生焦虑、恐惧心理的重要原因。在这些人的脑海中，存在着一个"简单化一"的信条："如果我在这件事上失败了，那我在所有事情上都会失败。"换句话说，只要出现了一点失败就会全盘否定自己之前的所有努力，甚至否定自我。

虽然，有"失败焦虑症"的人一般都会有意识地规避风险，努力争取好的结果，做事也更为细致，以求完美，但他们也会陷入焦虑、拖延、懒散、缺乏动力，甚至丧失行动力的境遇之中。比如，一些失败焦虑症患者内心非常想要获得成功，同时非常惧怕失败，以至于到最后他们干脆选择了放弃。

患上"失败焦虑症"就像得了重感冒，一开始会很难受，但只要我们积极调整，通常都会好起来的。

脱焦健身房

那么，有了"失败焦虑症"该如何调整呢？

1. 端正你的心态

治愈"失败焦虑症"，最为关键的一步是要正确认识失败。正如雨果所说："尽可能少犯错误，这是人的准则，不犯错误，那是天使的梦想。尘世上的一切都是免不了错误的。"在成长的道路上，每个人都会面临失败，这不可避免。

失败也不是什么大不了的事。美国前总统林肯曾说过："此路是如此的破败不堪又容易滑倒，我一只脚打滑了，另一只脚也因此站不稳，但回过神时，我就告诉自己，这只不过是滑了一跤，并不是死掉，我还能爬起来。"

失败让人成长，有位哲人曾说："错误同真理的关系，就像睡梦同清醒的关系一样。一个人从错误中醒来，就会以新的力量走向真理。"我们所要做的便是在错误中改正，在错误中成长。

2. 未雨绸缪、有备无患

做事之前，总是幻想着自己的失败场景，这可能与先前经常性失败的心理创伤有关。想要逆转局面，最好的办法就是在做事之前重新审视自己的准备工作。比如，尽可能把目标细化，为各个阶段的目标设定时间限制，预测过程中可能出现的挫折，并为将要发生的一系列问题预留解决方案，然后扎实地付诸行动。

3. 释放你的压力

为什么有些才华横溢的歌手在排练的时候表现得完美无缺，正式登台时却失误连连？因为压力越大时，人越有可能过度分析自己的行动，结果很有可能使自己走向失败。平时多参加有益的户外活动，比如跑步、健身、游泳等可以很好地释放心理压力。也可以尝试深呼吸，让自己在短时间内尽快放松下来。

如果你还是害怕自己会失败的话，不妨和自己周围的朋友一起做一件事，让他们来监督你走下去。慢慢地，这种外来监督就会转化成自我监督。

这里送给读者一句话："勇于接受各种挑战，不放弃任何尝试的机会。只要你能够大胆地去做，或许就成功了一半了。即使最后失败了，也是一次历练，也是一次经验的积累。"

手机焦虑，一刻不在身边就无所适从

近年来，每次朋友聚会，菜一上齐，就有人举起手机说："先别吃，等我先拍一张。"然后是拍照上传，等待接受赞美或者吐槽、回复……一顿饭下来，手机"吃"得最多。

随着手机越来越普及，功能越来越多元化，上网套餐越来越便宜，很多人对手机中各类应用软件都产生了不同程度的依赖。无论是吃饭、喝咖啡、旅行、聊天，人人都是拍照发朋友圈，或者录个抖音，若是手机没电了，或者所在的地方没有网络，就会产生焦虑，各种不自在，最后聚会都没有任何心思。

周末，我去看望上大学的侄子。我给他打电话，约他到饭店吃饭。过不多时，我看到侄子匆匆忙忙地跑到我们约定的饭店，满头大汗。

我问他："你这么着急干什么？"

他说："我怕叔叔你等得着急，赶快换上衣服就出来了。"

坐下后，我让他点餐。他习惯性地去摸裤兜，突然发现裤兜空空如也，慌张地说道："糟了！"

看到他慌张的表情，我也跟着紧张了，问道："发生什么事儿了？"

他说："我出来得匆忙，手机忘记拿了。"

我说："嗨！不就是忘拿手机了吗？我以为你什么东西丢了。吃完饭回去再看手机不就行了。"

我侄子也不敢反驳什么，只能继续点菜。

但在整个吃饭过程中，我看到他无数次下意识去摸裤兜，紧接着就是心不在焉的样子。

我调侃道："不就是半个小时没看手机，你至于焦虑成这样吗？你又不是什么领导，半小时不用手机，不会耽误什么大事。"

侄子搓着双手，不好意思地说道："我也知道没什么大事，但手机不在身边，就是会心慌、焦虑。想着万一有人发个微信，我没看到怎么办，万一电话没接到怎么办……"

看着侄子越说越焦虑，我赶紧说："打住吧。就你这样，我看这顿饭你也吃得不安心了。你还是赶紧回去拿手机去吧。正好饭菜没上来多少，等着你。"

侄子一听，立马站起来，说："那我现在回去拿，我很快就回来。"说完，飞奔出了饭店。

看着他的背影，我笑着摇了摇头，自言自语道："现在的人哪，没有手机真是一刻都活不下去了。这到底算不算一种病呢？"

我的自言自语有一半是玩笑，有一半是认真的。现在很多人对手机产生了依赖症，一旦手机不在身边就会感到焦虑。以前手机网络费用还很贵时，大多数人去吃饭，进店第一句话问的便是："有 Wi-fi 吗？"这几乎成为当时的流行语，有人调侃饭店最好吃的一道菜应该是 Wi-fi。有心理学专家指出，这种现象就属于"信息收集强迫症"。大脑对于信息的需求得不到满足，人就会产生一种不适的感觉。使用 Wi-fi 时，大脑持续处于信息收集的状态，如果信号中断，这种状态被打破，人就会焦躁不安。

另外，有心理研究者认为，在陌生的环境里，人与人的空间距离拉大，彼此的交流受到一定阻隔，人的孤独感增强，彼此之间的不信任感也会增加，人们迫切需要来自"熟人"的慰藉，"朋友圈"正是扮演着熟人的角色，满足了人际交往的需要。"朋友圈"建立起这样一个活跃的熟悉群体时，害怕孤独的人会一遍遍地刷屏，想看看微信朋友圈里的"朋友们"在干什么，在点赞和评论的过程中，保持和朋友们的互动，或者不停地发自己的状态，从别人的回复里寻找自己的存在感，并且在阅读这些评论时得到自我满足或者自我陶醉。

朋友圈将虚拟的社交和现实的交际圈融合到了一起，能给人私密的安全感，让人们享有选择开放或者封闭的自由。这也许是很多人不愿离开这个圈子的另一个原因。

脱焦健身房

那么，该如何改善"手机焦虑"的情况呢？

1. 带有明确目的地使用手机

在使用手机上进行自我约束，尤其是在晚上，更不宜长时间抱着手机看个不停。可以为自己的一天设计明确的使用手机时间，最好在使用手机时带有明确目的性——是查资料，还是收发邮件。使用完后，立刻将手机放下。

2. 开发一些兴趣爱好

很多人玩手机是打发无聊的时间，不玩手机，会无所适从，不知道该干什么。这类人大多缺乏兴趣爱好。不妨多增加一些生活爱好，例如露营、画画、做手工等。

3. 多和朋友聚会

很多人离不开手机的特征就是沉迷于抖音、发朋友圈或游戏当中。选择多和朋友聚聚会、聊聊天，参加一些不同主题的户外运动，例如打球、慢跑等，不仅可以锻炼身体，还有助于开放内心，扩大交际圈，使性格变得更活泼外向。

4. 调整生活作息

有些人晚上失眠，其实是拿着手机不舍得放下。要改善此类失眠，最有效的方法就是调整作息方式，培养良好的作息时间。规划好每天几点起床，今天具体的任务安排，吃饭时间等。按照这个规划严格执行，这样就能让自己的一天充实，不给自己沉迷于手机的机会。

科技带来了进步，也带来了副作用。科技创造了朋友圈，只要有网络，就可以免费发视频、传照片、分享心情。有人说，如今的聚会大家只是表面上在一起，每个人都只顾低头刷微博或用微信聊天，忽略了面对面的交流，以致我们"这么近，那么远"。

当"朋友圈"几乎渗透到了生活的每一个角落，手机成为一种生活方式时，不拒绝，不依赖，是我们对待手机应有的态度，这样才不会被手机绑架，陷入焦虑。

外貌焦虑，
长相不是一个人价值的全部

在当今社会，外貌焦虑似乎无处不在。我们要认识到，真正的美丽并不仅仅在于外表。每个人都有独特的气质和个性，这些内在的品质往往比外表更能持久地吸引他人。自信和自我接受是内在美的关键因素，它们能够发出一种超越传统审美的光芒。在生活中，我们应该更多地关注培养个人才能、情感智慧和道德品质，这些都是构成一个人魅力的重要部分。记住，每个人都是独一无二的，自己的价值和美丽，并不是单一的外表标准所能定义的。

小李是我的一个老朋友，他从小就对自己的外貌感到不满意。他的耳朵比较大，常常成为别人取笑的对象。这让他在学校里变得非常内向，害怕与人交流，担心别人会注意到他的耳朵。

随着时间的推移，小李的焦虑并没有减轻。即使在工作中，他也尽量避免参加任何可能需要公开演讲的会议或活动。他害怕别人的目光，害怕被评判。这种焦虑影响了他的职业发展，他也因此错过了很多展示自己的机会。

一次偶然的机会，小李参加了一个关于自我接纳的工作坊。在那里，他遇到了许多和他有着相似经历的人。他们分享了自己的故事，也分享了如何克服这些困难的方法。小李开始意识到，他的焦虑并不是因为他的耳朵，而是因为他对自己的看法。

在接下来的几个月里，小李开始努力改变自己的思维方式。

他开始参加更多的社交活动，尝试不去关注别人的看法。他还开始参加公开演讲课程，逐渐克服了在公众面前说话的恐惧。

故事的结局是美好的。小李不再因为自己的外貌而感到焦虑。他学会了接受自己的不完美，并且发现，当他不再关注自己的缺陷时，别人也不会在意。他的生活质量有了显著的提升，并在职场上取得了更大的成功。

这个故事展示了外貌焦虑如何深刻影响一个人的生活，以及通过自我接纳和改变思维方式，一个人可以如何克服这些焦虑，过上更加充实的生活。

脱焦健身房

面对外貌焦虑，可以采取以下几种方法来缓解：

1. 自我接纳

认识到每个人都有独特之处，外貌不应定义个人价值。通过积极的自我对话和肯定自己的其他优点来提高自信。

2. 管理焦虑

学习和实践减压技巧，如深呼吸、冥想或瑜伽，帮助放松身心，减少焦虑感。

3. 寻求支持

与亲友交流感受，或寻求专业心理咨询，获取情感支持和专业建议，共同应对焦虑问题。这些方法能够帮助人们更好地理解和处理关于外貌的焦虑，从而过上更加满足和平衡的生活。

容颜不是美好生活的必要条件，心灵的美才是活得漂亮的必要因素。无论样貌是否美丽，只有活得漂亮，你才能活得精彩。

社交焦虑，
人群没有你想的那么可怕

了解根源，为何会出现社交焦虑

社交焦虑，或称社交恐惧症，是一种普遍且复杂的情绪障碍，它超越了普通的羞怯或紧张，成为一种深刻影响个体日常生活和社交功能的心理状态。有社交焦虑的个体在面对可能被评价或注视的社交场合时，会体验到显著的恐惧、焦虑，甚至产生逃避行为，这些症状如果不加以管理和治疗，可能会导致长期的心理健康问题。

　　张磊是一名建筑设计师，年轻有为且英俊潇洒。他从大学毕业以后就一直从事这行，从3年前开始自己承包工程来做，事业蒸蒸日上。可就在去年过年时，朋友们一起聚会吃饭，大家发现张磊变了，变得很怕见陌生人，在陌生的场合会出现紧张出汗的状态，而且话也变少了。

　　后来，进一步聊天发现，他自己对此也很苦恼，他也不知道为何会变成这样，就连在与人交谈时面部都会变得不自然，常常还会突然心跳加快、呼吸不畅，甚至表达困难。因为他在与人沟通时总会这样，很多与客户洽谈的单子最后都丢失了。他痛苦万分，但又无可奈何。

　　从那次聊天后，大家遇到张磊的机会更少了，因为每次的朋友聚会他都不会参加了，总是找各种理由拒绝和回避。虽然大家都担心这会对他造成严重的后果，但他不愿意见人，朋友们也都无可奈何。

张磊的这种情况，其实就是常说的社交恐惧症。这种症状近年来被世界上很多的心理研究机构所重视，因为越来越多的人有这种症状。"社交恐惧症"这个名称最早是一位美国心理学家提出的，目前已经被列为一种单独类的疾病。社交恐惧症严重时，会对个人的日常生活造成极大的困扰。例如有的人只要外出就得戴墨镜，怕与别人眼神接触，更怕遇到熟人与他交流沟通。

患有社交恐惧症的人，往往不愿意与人接触，要是迫不得已非得去社交场所，病情严重时会不受控制地产生负面情绪，并当场爆发出来，造成更可怕的后果。

社交恐惧症往往是因为生活中压力的增大造成的，若是真患有这种疾病，对自己的身心发展、人际关系都会造成很大的困扰。看到这里，也许有的读者会想问：如何能知道自己是否患有这种疾病呢？我们可以通过下面三个问题来进行一个测试：

1. 当你和别人交流沟通时，是否会有害羞或紧张的情况？

2. 你是否很害怕自己成为别人讨论的焦点，害怕自己成为他人关注的中心？

3. 你是否十分在意别人对自己的看法？

上述三个问题，如果有两个以上的答案是"是"，那就要注意一下了，因为你可能有轻微的社交恐惧症了。而你若是对与他人社交感到痛苦，十分讨厌和别人接触，总是选择自己一个人在家独处，这种情况下你的社交恐惧症就已经比较严重了，这时就要找专业的心理咨询机构进行治疗了。

脱焦健身房

应对社交恐惧需要先了解社交恐惧的根源，我们从以下三个方面进行探讨：

1. 心理因素

心理学家认为，社交焦虑的根源往往与个体的自尊水平有关。低自尊可以分为自卑和自大两种形式，它们都是自我评价与外部评价不一致的表现。自卑的人可能会过分强调自己的缺点，而自大的人则可能过分夸大自己的优点。这种自我评价的不准确性会导致个体在社交场合中感到不安全，害怕听到他人的负面评价，从而产生焦虑。

2. 生理因素

生理上，社交焦虑可能与大脑中的扁桃体活动有关。扁桃体是处理情绪反应的关键区域。对于社交焦虑的个体来说，其扁桃体可能对社交情境过度敏感，导致他们在面对社交场合时产生强烈的焦虑反应。这种生理上的反应可能部分由遗传因素决定，也可能受到个体成长环境的影响。

3. 社会环境因素

社交焦虑的形成也与个体的成长环境有关。例如，经常受到挫折、缺乏社会支持、过度保护或批评都可能导致个体产生社交焦虑。此外，社交技能的缺乏也可能导致个体在社交场合中感到不自在，从而产生焦虑。因此，提高社交技能和建立积极的社会支持网络对于预防和治疗社交焦虑至关重要。

以上是社交焦虑产生的三个主要根源。了解这些根源有助于我们更好地理解社交焦虑，并采取有效的方法来应对和治疗这种情感体验。

了解了社交恐惧的根源后会发现，我们不必对社交恐惧症产生多么强烈的恐惧感，想得轻松一些，这种症状只不过是比普通人在社交时感受到的恐惧更强烈一些而已。当患上了这种心理疾病后，不要觉得自己像个异类，更不要因此背上沉重的心理负担，把它看得淡一些，这样，对于我们治疗社交恐惧症才是最好的心态。因为，在治疗过程中，只有心态调整过来，手段才能成为最有效的辅助方法。

是否觉得，社交成了一种折磨

人类是群居型动物，我们生活在一个靠相互协作来生存的社会，在这个社会中，你不可能一个人完成所有事，你也不可能做到一辈子不与任何人接触。我们每一天都与不同的人发生着不同的联系，而在联系的过程中我们度过每一天，这种联系让我们长大成人、成家立业、收获美满的爱情和珍贵的友情……我们一生中不断出现的这种联系，就是我们所说的社交。而当一个人患有社交恐惧症后，这种美好的联系，就会变成他的噩梦，让他备受折磨，再也无法从中体会到乐趣。

人在社交中有紧张、恐惧情绪都是很正常的一种现象，每个人在特定的社交环境下都会有或多或少的不自在。例如，当参加一个完全是由陌生人组成的饭局时不知所措，想赶快回家；当和领导交流时词不达意，不知该怎样表达；当女神出现在面前时，双手都不知放在何处，张半天嘴也说不出一个字……在心理学中，这些情况都属于再正常不过的心理状态。只是，当这种状态严重到干扰了正常生活时，我们才称之为一种疾病，也就是社交恐惧症。

李米是一个典型的南方女孩，娇小、内向。大学毕业后来到北京工作，在单位没有亲近的同事，生活中也没有一个朋友，她每天都独自生活，想聊天也找不到人。久而久之，因为平时说话本来就少，她逐渐开始厌恶与他人交流了。在办公室中，和同事接触时，她会感到紧张、呼吸困难、头晕，而且当她在办公桌前坐下后，不到万不得已是绝不会站起来走动的，因为她怕走动会引起同事的关注。在工作交流时，她也尽量使用微信或邮件等形式来沟通，避免与同事面对面。她特别不喜欢开会，每次开会前都会紧张，害怕领导会叫她发表意见。而在日常生活中，她也不愿意和同事多私下聚会吃饭，那会让她更加惶恐不安。虽然李米以前就是一个很内向的人，也很少说话，但那时与人聊天沟通时她并不会产生紧张、不安的心理。而现在，每一次的社交，对她来说都是一种折磨。后来，她每天起床一睁开眼，想到要去上班，要去和很多人接触、交流，都会感到郁闷、痛苦。想着若是我能每天自己一个人在家待着，不用上班、不用和别人社交该多好……

从李米的案例中，我们可以判断出她就是患上了轻度的社交恐惧症，对日常社交的恐惧程度超出了一般人，到了折磨到她内心的地步。如果再持续下去，继续逃避与人接触，逃避社交，她的症状就会越来越严重。

在这里，我们用了"逃避"这个词。这是社交恐惧症患者最常见的情况。他们害怕与人群接触，于是开始想方设法逃避人群。因为，"逃"是任何一种动物在产生恐惧时最本能的反应。但是，对于人来说，尤其是对于患有社交恐惧症的患者来说，逃避只会换来一时的心理放松，但对治疗这种疾病只会起更大的反作用。因为，逃避会让患者产生强烈的自我否定和自卑感。看到别人相谈甚欢，看到别人呼朋引伴，看到别人侃侃而谈，而自己只是社交场上的一个逃兵。这时，挫折感、羞愧感都是对自身的一种折磨。这也许就是每一位社交恐惧症患者最痛苦的地方。

脱焦健身房

那么，当患有社交恐惧症时，我们该如何改善呢？

1. 逐步暴露疗法

逐步暴露疗法是一种常用的治疗社交恐惧症的方法。它涉及将自己置于引起焦虑的社交情境中，但从较轻微的情境开始，逐渐增加难度。例如，如果与陌生人交谈让你感到焦虑，你可以先从向服务员点餐开始，然后逐步提升到在聚会中与人交谈。这种方法的关键是要持续和系统地进行，每次都略微超出舒适区，但又不至于引起过度的焦虑。随着时间的推移，你会发现自己对这些情境的耐受性提高了，焦虑感也会相应减轻。

2. 放松技巧

学习放松技巧，如深呼吸、渐进式肌肉放松或正念冥想，可以帮助社交恐惧症患者管理和减轻焦虑症状。这些技巧可以在日常生活中练习，并在社交之前或期间使用，以帮助减轻身体紧张感和心理压力。正念冥想特别有助于训练个体专注于当下，而不过度担忧未来可能发生的社交失败。

3. 社交技能训练

社交技能训练可以帮助社交恐惧症患者发展和提高在社交互动中所需的技能。这包括学习如何开始和维持对话、如何进行眼神交流、如何理解和使用非语言沟通的提示，以及如何处理社交拒绝或尴尬的情况。通过角色扮演和模拟社交场景，患者可以在安全的环境中练习这些技能，并获得反馈和指导，以增强他们在真实世界中的社交能力。

以上方法都需要时间和练习才能见效，它们为社交恐惧症患者提供了实用的工具，让他们以更自信和积极的方式参与社交活动。重要的是，寻求专业心理健康服务提供者的支持，他们可以根据个人的需要制订适合的治疗计划。此外，加入支持团体也可以获得额外的鼓励和理解，使患者在克服社交恐惧症的道路上不感到孤单。

无效社交，那是恐惧社交的借口

网上很多文章在说，你需要拒绝无效社交，它会给你带来一堆麻烦和烦恼。其实，任何一种社交都不是完全无效的，没有人能将自己说的每一句话、做的每一件事都转变为看得见、摸得着的利益。当然，我们更不能把拒绝无效社交当成自己恐惧社交、逃避社交的借口。

一名网友给我留言说：最近一年我越发讨厌社交，之前大学没毕业的时候，每天还能跟舍友一块打游戏、喝啤酒、撸串，觉得这种生活没什么不好，很充实，整个人也充满活力。可是实习后有了职业规划，下了班就一头扎进资料里，想法子提升自己的专业技能。晚上朋友叫我玩游戏，我推掉了；周末同事约我去钓鱼，我拒绝了。我几乎断绝了所有我认为的无效社交——不做不能给我带来效益的事。可是这么做以后，我反而不快乐了。

还有某些情感博主、大 V 理直气壮地说："拒绝无效社交，你应该把时间精力花在自我成长上！"

你看到后觉得他说的对极了——我坐在这儿和你聊天，听你说那些生活琐事，还不如回家看两页书，至少我还能学到点什么。于是，你开始拒绝和朋友、同事聚会，一个人窝在家里，大门不出二门不迈，还美其名曰这是在精进自我。

直到有一天，你不得不参与到社交当中时，才发现在其他人都谈笑风生的时候，你只能坐在角落里，连个插话的机会都没有。所以说，你不是实现了无效社交，而是借着这么一个由头来逃避社交所造成的恐惧。

人类是社会性群居动物，谁也无法逃避社交，正如伏尔泰说的那样，"自从世界上出现人类以来，相互交往就一直存在"。一些内向的人认为，既然自己不能左右逢源，那就干脆少参与甚至不参与社交活动，多给自己一些空间和时间，做自己喜欢做的事。可是，在现实生活中，只要你不选择隐居山林，就必须面对社交这件事。

我和网友大芒探讨过这个话题，她说她从内心里不喜欢社交，患有社交恐惧症，觉得和人打交道特别累。在经过详细的了解后，我发现她并非真心讨厌社交，而是因为她在社交时总是不能很好地表达自己，以致觉得社交是一种拖累。

大芒个子不高，长相普普通通，工作能力也一般，每次和同事、朋友在一起时，她心底就会生出一种自卑感：我比不上她们中的任何一个，比衬托娇艳鲜花的绿叶还不如。

于是，大芒跟朋友相处总是小心翼翼的，生怕自己哪句话说得不好，让她们不开心。可是，每次看见同事互相开玩笑、戏谑对方，她又很羡慕，那种矛盾的心理让她很难受，最后她索性回绝所有的社交，觉得这样做就不会得罪任何人了。

大芒的这种行为正如一些大V的观点——拒绝无效社交。可是她这样彻底放弃社交真的对吗？事实上她没有因此而变得快乐，所以，不要轻易听信任何人给出的建议，我们要根据自己的需求来判断是否采纳。

在面对问题时，大多数人都是因为内心的恐惧感而盲目地做出选择，比如借酒消愁，这只是一种自我安慰与逃避，解决不了任何问题。所以，很多害怕社交的人，在与人交往时首先想到的不是"我是否需要"，而是"我要远离这件事"。

有时候，陈旧的思维和坏习惯会影响我们的判断和行动，一旦习以为常，我们就会变成被他人驯化的动物，听从他人的命令指挥，失去自己的判断能力和思想。你要明白，你需要拒绝的不是社交，而是懦弱的自己。

脱焦健身房

恐惧社交是因为社交时会紧张，那么该如何克服紧张情绪呢？

1. 准备和练习

准备是克服社交恐惧的关键。在参加任何社交活动之前，尽量收集相关信息，比如活动的性质、参与者、可能的话题等。这样可以让你有更多的话题和观点进行分享。此外，练习也很重要。可以在家里模拟社交场景，练习自我介绍、交谈技巧等。这样做可以增强你的自信心，减轻在真实社交场合中的紧张感。

2. 正面思考

积极的心态对于克服社交恐惧至关重要。试着用正面的角度看待社交活动，把它视为一个结识新朋友和学习新事物的机会，而不是一个令人恐惧的考验。当你感到紧张时，深呼吸，提醒自己你已经做了充分的准备。记住，大多数人都会宽容地对待社交中的小错误。

3. 逐步面对

不要期望自己一开始就能完美地应对所有社交场合。给自己设定小目标，比如先从参加小型或熟悉人群的聚会开始。每次社交后，回顾自己做得好的地方和需要改进的地方。逐渐提升社交活动的规模和复杂度，让自己慢慢适应并享受社交的乐趣。

通过这些方法，你可以逐步建立起在社交场合中的自信。记住，社交技能就像任何其他技能一样，需要花时间练习来提高。不要害怕犯错，每个错误都是学习和成长的机会。

与人交流时，你是否会感到无所适从

在现代社会中，我们经常会遇到需要与不同的人交流的情况，无论是在职场、社交活动还是日常生活中。对许多人来说，这可能是一个挑战，特别是对于那些不善于社交或者有社交焦虑的人。这些人在人多的地方会感到手足无措、浑身不自在，与人交谈时还会结巴、脸红，总是有一种羞怯、自卑的心理。有时候，在公众场合被要求站起来讲话，他们更是会觉得头脑中一片空白，根本无法清晰地进行思考，也不知道该说些什么。

"五一"小长假，与喜欢旅游的人不同，我选择了回家。到家的时候，发现李叔叔也在。李叔叔是我父亲的老同事，在我很小的时候，总来我家里做客，不过李叔叔后来搬了家，来我家的次数便渐渐减少。印象中的李叔叔从来不喝酒，可是今天回来，却看到父亲和李叔叔吃饭的桌子旁边东倒西歪地摆着密密麻麻的啤酒瓶子，看得出来李叔叔应该是心情不好，而我父亲一直在旁边安慰着他。

我洗了些水果端了上去，听到了几句他们之间的谈话，这才清楚了让李叔叔上火的原因来自他口中的那个"不争气"的儿子。说起李叔叔的儿子李子冰，我算是有一些了解。

李子冰上大学时就很喜欢上网，大四的时候，别的同学都急着找工作，他还是没日没夜地上网。毕业后住在家里，父亲给李子冰介绍过好几份工作，但每份工作他都干不了几天就以不适合为理由辞职了，然后依旧每天睁开眼睛就上网。去年，李子冰的母亲因病去世了，李叔叔眼见儿子毕业两年都没有工作，痛骂了他一顿，但还是一点效果都没有。

李子冰属于最典型的宅男。在网络世界里，他谈笑风生、幽默睿智，可以随意地和异性搭讪，可以在自己的公会被围攻的时候跟队友一起骂脏话发泄。在网络上，他扮演着生活中自己渴望成为的人。

在现实生活中，他却跟人存在严重的沟通障碍，不相信社会，厌恶自己生存的环境，觉得虚拟的生活才是自己想要的。这已经成为一种心理障碍，是一种精神疾病，需要寻找专业的心理咨询机构进行治疗。

许多人可能不像李子冰那样有严重的沟通障碍，但是在与人交流时总会有无所适从的感觉，这也会影响日常生活。其实，我们可以掌握一些社交的小技巧，让自己更自信更从容地与人沟通交流。

脱焦健身房

以下是几个社交小技巧：

1. 开放式提问

社交时，开放式提问是一种有效的沟通技巧。这种提问方式鼓励对方分享更多信息，而不是简单地回答"是"或"否"。例如，你可以问："你对这个话题有什么看法？"或者"你在这个领域有哪些经验？"这样的问题可以打开对话的大门，让双方有更多交流的可能。同时，这也显示了你对对方的尊重和感兴趣，有助于建立良好的第一印象。

2. 倾听与反馈

当他人在谈话中分享信息时，认真倾听并给予适当的反馈至关重要。这不仅仅意味着要静静地听对方说话，更包括通过肢体语言和面部表情显示出你的关注和理解。例如，点头和微笑可以传达你的积极参与。在对方完成发言后，你可以用自己的话简要重述他们的观点，如："我明白你的意思，你是说……"这样的反馈可以加深双方的交流，增进理解。

3. 共享个人经历

分享个人经历是一种可以拉近人与人之间距离的方式。当你谈及自己的经历时，可选择与当前话题相关且能引起共鸣的内容。例如，如果对方提到了旅行，你可以分享自己的旅行经历，这样不仅能增加话题的深度，也能让对方感受到你的真诚和开放。当然，分享时也要注意适度，避免过度自我暴露或占据过多对话时间。

通过这三个技巧，你可以更自信地与人沟通，促进双方的交流与理解。记住，每个人都是独一无二的，所以在实际沟通中应灵活运用这些技巧，找到最适合自己的方式。

同学聚会，能躲避绝不参加

每年的同学聚会对许多人来说，既是一种期待，也是一种挑战。这是一个重温旧时光、分享现在生活的机会，但同时也可能是一种社交压力的来源。对于一些人来说，同学聚会可能是他们最害怕的场合之一。

社交恐惧是一种常见的情绪反应，它源于对被评判或不被接受的担忧。在同学聚会这样的社交场合，这种感觉可能会被放大，因为每个人都希望给旧日朋友留下好印象。然而，这种担忧往往是没有必要的。大多数同学都是带着重聚的喜悦和好奇心来参加聚会的，而不是来评判别人的。

张伟最近两年很惧怕过年回家的同学聚会。其实，以前张伟很期待每年的同学聚会，大家一起回忆过去那段美好的青春往事。但最近几年，当大家大学毕业踏入社会后，同学们的生活逐渐发生了变化：有的仍在外闯荡，有的考上了公务员，有的下海经商腰缠万贯，有的在家过着平淡的日子。

而随之张伟发现，同学聚会谈论的话题，逐渐从以往的"回忆当初"转变成了"炫耀自己的身份地位"。

也可能是大家久在社会打拼，忘却了以前的美好时光，聚会时大家谈论的多是和现实有关的东西，男同学说得最多的就是谁谁的生意做得很大、挣了多少钱等；女同学议论最多的则是谁谁的老公有能耐，谁家的孩子比较聪明等。也有同学会借机炫耀，尤其是喝多了的时候，经常会听到诸如"我有个项目准备投资多少钱""我全款买了套房子""又买了辆车"此类的话。

而这些同学炫耀自己所拥有的房、车等的时候，往往会忽略另外一些同学的感受——他们还在骑着电动车，还在为能拥有属于自己的房子而努力。

同学之间出现身份落差后，聚会时不再是像以前那样随便坐了，现今通常是"混得好的"坐一桌，自认为"混得不好的"则坐其他桌，相互之间只有敬酒时寒暄几句，共同语言越来越少。

今年同学聚会时，张伟注意到了部分"混得不好"的同学的微妙变化：聚会刚开始表现正常，但会越喝越多，直到最后醉酒失态。他们可能是心里不好受。

散场时，张伟直接回了家。出租车行驶在空荡的街道，望着远处迷离的街灯，他越发觉得，同学聚会早已变得"相见不如怀念"。

正是因为同学聚会的"变味儿"，让很多原本就有社交焦虑的人对这种场合产生更加厌恶的情绪。他们原本只想和熟悉的人聊聊天、放松一下，没想到最后却成了攀比和炫耀的场合。昔日同桌的彼此，再也找不回那时的美。正是因为如此，才让不少人患上了"恐聚"。

心理学家认为：恐聚族往往预设了很多负面情绪，这些负面情绪会带给自身很大的焦虑感，聚会时会不由自主地寻找蛛丝马迹佐证自己的猜想，觉得其他人都戴着有色眼镜看自己，这都是不健康的心态。同学聚会对于人际网络的恢复和维系是很重要的，并不需要说很多话、搞很复杂的活动，老同学能够聚在一起，这本身就是一种熟悉感、温馨感的体现。

"心理落差完全不必成为正常聚会的障碍。"心理学家表示，聚会难免会有人炫富，但也要相信自己有很多出众的地方，"同学、朋友聚会，就是为了放松叙旧，没有必要让聚会成为大家心理上的负担"。同学聚会保持一颗平常心最好，"混得好"的人不要把聚会当作炫耀的平台，"混得不好"的人也不必执着于比较，要把同学当作生命历程中有共同经历的人来珍惜。

脱焦健身房

以下给有"同学聚会焦虑症"的人一些建议：

1. 积极的心理准备

将焦虑转化为积极的期待。想象一下聚会中可能发生的愉快场景，比如与老友的欢笑，共同回忆过去的趣事等。这种正面的心理暗示可以帮助你减少对未知的恐惧。

2. 深呼吸和放松练习

在聚会前进行深呼吸和放松练习，可以帮助你缓解紧张情绪。通过调节呼吸，你可以控制自己的心率和压力水平，从而以更平静的状态面对聚会。

3. 社交技能的小练习

在参加聚会前，可以和朋友进行一些简单的社交练习，比如模拟对话或角色扮演。这样的练习可以帮助你在真实的聚会中更加自如地交流。

4. 设定明确的目标

给自己设定一些小目标，比如与至少三位同学交谈，或者参与一个团体游戏。这样的目标可以帮助你集中注意力，减少对周围环境的过度敏感。

通过这四种方法，你可以更加轻松地面对同学聚会，享受与老朋友重聚的快乐时光。记住，同学聚会是一种珍贵的社交机会，它不仅能让你回忆过去，也能帮助你建立未来的联系。

学会自我介绍，用自信驱赶焦虑

在现代社会，自我介绍已经成了一种基本的社交技能。无论是在职场、学校还是日常生活中，一个良好的自我介绍都能够给别人留下积极的第一印象。然而，对于许多人来说，自我介绍也是一个令人焦虑的挑战。这种焦虑感可能源于对自己能力的怀疑、对他人评价的担忧，或是对未知环境的恐惧。

自信是驱散这种焦虑的关键。自信并不意味着你必须完美无缺，而是要对自己的能力和价值有一个清晰的认识。自信的人知道自己的长处和短处，并且能够接受自己的不完美。这种自我接纳的态度，能够帮助人们在自我介绍时更加从容不迫，展现出真实的自我。

自我介绍的艺术在于如何准确而有趣地展现出自己的个性和能力。这不仅仅是一种自我宣传的方式，更是一种自我表达的形式。通过自我介绍，可以让他人了解自己的背景、兴趣、梦想和目标。这样的交流有助于建立人际关系和社交网络。

在自我介绍时，自信的展现不仅仅体现在言语上，还包括非语言的沟通方式，如肢体语言、眼神交流和面部表情等。一个坚定的握手、一个自信的微笑，甚至是稳定的站姿，都能够传递出积极和自信的信息。

张洁和杨妮都是刚毕业的大学生，同时应聘一家外资公司的董事长助理的职位。她们学的都是英语专业，学习成绩都很优秀。

人事部经理看了简历以后，觉得她俩的实力难分伯仲，很是纠结，不知道如何取舍。最终，人事部经理想通过面试来做出决定。

张洁认为，面试无非就是把个人简历再简略重述一遍，所以面试前没做什么准备。

而一向谦虚谨慎的杨妮对将要来临的面试进行了一定的分析，她认为要在短时间内把自己的能力展现出来，出色的自我介绍是最重要的。于是她对自我介绍的内容进行了一番精心的设计和安排。

几天后，公司通知两人面试，考官让她们先分别做一个自我介绍。

张洁说："我今年24岁，山东人。刚从××大学毕业，所学专业是英语。父母均是大学的教授。我爱好音乐和旅游。我性格开朗，做事一丝不苟。很希望到贵公司工作。"

杨妮介绍说："关于我的情况简历上都介绍得比较详细了。在这里我强调两点：我的英语口语不错，曾利用业余时间在涉外酒店做过专职翻译。还有，我的文笔较好，曾在报刊上发表过许多篇文章。如果允许的话，我可以拿给您看。"

最后，人事经理录用了杨妮。

当到新的单位去应聘时，求职者往往最先被要求的就是"请先做一下自我介绍吧"。这个要求看似简单，但求职者一定要谨慎对待，精心准备，因为它是你最简单、最直接地描述自己的特点，展示自我综合水平的好时机。回答得好，会留给对方一个好的印象。

脱焦健身房

那么，该如何克服焦虑，自信地做自我介绍呢？

1. 准备和练习

自我介绍的第一步是准备。你需要清楚地知道你想要传达的关键信息，比如你的名字、职业、兴趣或者你为什么出席这个场合。一旦你确定了这些信息，就可以开始练习自己的自我介绍了。记住，练习会使得你的介绍更趋完美。你可以在镜子前练习，或者向朋友和家人展示你的介绍。随着练习的增加，你的发言会变得更加自信和流畅。

2. 正面思考

焦虑往往源于对未知的恐惧和对失败的担忧。要克服这种心理，正面思考是关键。告诉自己你有能力做好，你的介绍会很成功。想象一个积极的结果，比如观众对你的介绍报以微笑和鼓掌。这种正面的内在对话可以帮助你减少紧张感，并提高你的自信心。

3. 身体语言的使用

你的身体语言可以传达出你的自信。确保你的姿势是直立的，眼神交流是坚定的。使用开放的手势，而不是交叉双臂或插在口袋里，这样可以让你看起来更加可亲近和自信。深呼吸也可以帮助你放松，并减少紧张感。记住，你的身体语言应该与你的话语相匹配，这样可以增强你的信息传递。

通过这三个步骤，你可以有效地提高你的自我介绍技巧，并用自信驱赶焦虑。记住，自信是可以通过练习和积极的心态来培养的。所以，开始行动吧，用你的自信和优秀的自我介绍技巧，赢得每一个机会。

寒暄分场合，否则更焦虑

寒暄，作为一种轻松的社交交流形式，往往被视为打破沉默、建立联系的第一步。它不仅仅是关于天气、健康或日常活动的简单询问，更是一种文化和情感的交流。通过寒暄，人们可以在不涉及深层次个人信息的情况下，展示出对他人的关注和尊重。

然而，寒暄也需要分场合，不同场合要使用不同的寒暄方式，否则会加重社交焦虑。

程前是一名销售新手，主要销售的是女士保养品。他是个机灵的小伙子，但常常因为口无遮拦，得罪了不少客户。

有一天，店里的老客户陈女士来了，陈女士和丈夫刚离婚半个月，但似乎心情也不差。

这位陈女士是店长的好朋友，程前便想过去套套近乎，就主动和对方打招呼："陈姐，最近皮肤保养得不错啊。"

"哪里有？你真是说笑了。"

"我可没开玩笑，比你没离婚的时候还好呢！"程前一说完，陈女士的脸色马上就变了。这一点，程前也感觉到了，为了挽回自己的过失，他准备弥补一下。

"你看我这乌鸦嘴，其实，离婚了也没什么不好，你还拿到了一大笔孩子的抚养费，这也不错。"这话不说倒好，程前一说出口，对方的脸色更差了。程前不敢再作声。后来，这位陈女士再也没来过店里购买保养品。这次经历也让程前心里有了点阴影，不敢积极地跟客户寒暄了。

遇到老客户，自然需要寒暄一番，若视若不见，不置一词，难免显得妄自尊大。但很明显，程前的寒暄之语不但没与客户熟络起来，还适得其反，得罪了客户。可见，我们在与人寒暄的时候，一定要考虑对方的心情，不可胡乱寒暄。

脱焦健身房

那么，我们应该如何与人寒暄，才能做到恰到好处呢？

1.问候与自我介绍

初次见面时，友好的问候和简短的自我介绍是开始对话的好方法。你可以先用一个简单的"你好"或"很高兴见到你"来打开局面，然后简要介绍自己，包括你的名字和你做什么工作或者你的兴趣爱好等。这样不仅可以提供给对方一个认识你的机会，也可以为进一步的对话奠定基础。记住，保持微笑和眼神交流，这会让你看起来更加友好和自信。

2.谈论无争议的话题

在初次见面的寒暄中，选择一些普遍无争议的话题进行交流是一个安全的策略。这些话题可以包括天气、周围的环境或者是即将到来的事件。例如，你可以说："今天天气真好，适合出来走走。"或者"这个地方布置得很漂亮，你觉得呢？"这些话题通常不会引起争议，而且大多数人都能够发表自己的看法。

3. 展示兴趣和好奇心

显示你对对方感兴趣是建立联系的关键。在寒暄中，你可以通过提问来表达你的好奇心，比如询问对方是怎么来到这里的，或者他们对即将发生的事情有什么期待。这样的问题可以鼓励对方分享更多的信息，同时也表明了你愿意聆听和了解对方。当然，首先要确保你的问题是开放式的，这样可以给对方更多回答的空间。

以上就是三种简单而有效的寒暄方法，它们可以帮助你在不同的社交场合中轻松地与人建立联系。记住，寒暄的目的是建立舒适的交流环境，所以保持自然和友好的态度是非常重要的。

一回生二回熟，
拿出与陌生人说话的勇气

在现代社会，人们越来越多地意识到社交焦虑的存在，以及它对个人日常生活的影响。社交焦虑是一种普遍的情绪体验，它涉及对社交场合的恐惧和回避。然而，即使在这种恐惧的阴影下，人们仍然渴望与他人建立联系，渴望被理解和接受。

"一回生二回熟"，这句中国谚语传达了一个深刻的社交真理：熟悉是通过重复的交流和互动建立起来的。但在这个过程的起点，我们需要的是一份勇气——与陌生人说话的勇气。

这份勇气并不是无中生有的，它源于我们对自己的信任、对他人的尊重，以及对新关系可能带来的积极影响的期待。当我们向陌生人敞开心扉时，我们不仅仅是在分享自己的故事，更是在邀请对方成为我们生活故事的一部分。

在与陌生人交谈时，我们可以从简单的问候开始，比如一句"早上好"，或是一个友好的微笑。这些小小的举动，虽然看似微不足道，但是能够打破沉默，缓解紧张，建立起初步的联系。随着对话的深入，我们可以分享自己的兴趣爱好，听取对方的见解，甚至在共同关心的话题上展开讨论。

通过与陌生人的交流，我们不仅能够拓宽自己的社交圈子，更能够增进对不同文化和观点的理解。这种理解能够促进社会的多元化和包容性，让我们的世界变得更加丰富多彩。

陈潇是个生性羞怯的姑娘，参加工作以来，她一直在找机会让自己变得大胆起来。这天周末，她来到商场，准备为自己添置一双鞋。来到某品牌专柜，她左看右看，也没看到合适的。正准备离去时，她发现，迎面走来的一位女士好面熟，仔细想了想，记起对方跟自己在同一座大楼上班。出于好奇，陈潇决定看下这位女士会挑什么样的鞋。于是，她假装继续看鞋。

"小姐，你这双高跟鞋打不打折，哪个那么贵？"这位女士一口重庆腔。陈潇一听，原来是老乡，禁不住想过去和她说几句话，但此时，她内心又害怕起来，万一对方根本不愿意与我交谈怎么办？这样一想，搭讪的想法只好作罢。

"不好意思，我们这里的鞋子全部正价。"

"可是一般的专卖店也会打个八折，一双鞋子八九百，实在是有点贵撒。"陈潇最终还是开口了，她觉得这是个切入话题的好机会，并且，她是用重庆口音说的。听到陈潇的话语，对方似乎很吃惊，但立即表现出很高兴的样子，对陈潇说："你是重庆哪里的？在北京做什么工作啊？"

见对方似乎已经产生了交谈的兴趣，陈潇变得开朗多了："江津的，做化妆品销售工作。对了，您是不是在××大楼上班？我以前好像见过您，还不是一次两次呢！"

"是撒，我自己开了个保健品公司。"

"相比之下，我就自愧不如了，同样是重庆来的，我还是个销售员呢！"

"没啥子，我当初也是这样一步步走过来的，你还年轻，对了，我们交换一下电话吧，以后有事要找我啊。"

"你不说我差点忘了……"

就这样，陈潇和这位老乡认识了。后来，她们成了很要好的朋友，她还帮陈潇介绍了很多客户，因为关注保健的那些女士通常也很在意自己的皮肤。

这里，我们看到了一个羞怯的姑娘在遇到陌生人时逐步让自己健谈起来的过程。此时，如果她没有主动搭讪，那么，她很可能就会失去一个朋友。其实，只要我们克服心理的那道关卡，主动走出第一步去与陌生人交谈，很多时候，对方是愿意与我们交谈的。

我们若希望扩大自己的人脉圈子，就不要放过结交陌生人的机会。对于每天遇到的路人，只要我们勇敢一点，并懂一点搭讪的技巧，也有可能与之结交，甚至成为朋友。在餐厅、公共汽车上或者散步时，你有没有尝试着和你身边的人交谈呢？如果你尝试过，就会发现和身边的陌生人进行交谈是一件非常有趣的事情。

脱焦健身房

那么，遇到陌生人，我们如何做才能和对方变得熟络呢？

1. 共同点寻找法

人与人之间的共同点是建立联系的桥梁。当你遇到一个陌生人时，可以尝试寻找共同的兴趣、经历或者目标。这可以通过观察对方的外表、听说话内容或者提问来实现。例如，如果你在一个聚会上，可以询问对方是如何认识主办人的，或者对方对聚会的看法。找到共同点后，可以深入讨论，这样会让对话更加自然和有趣。

2. 倾听展示法

倾听是一种强大的社交工具，它能够显示你对对方的尊重和兴趣。当与陌生人交谈时，要保持眼神交流，点头或者使用其他肢体语言来表明你在认真听对方说话。此外，通过重复对方的话或者提出相关问题，可以展示你的倾听和理解。这样不仅能够让对方感到被重视，也能够增进双方的亲密感。

3. 赞美启动法

　　适当的赞美可以打开沟通的大门。注意，赞美应该是真诚和具体的，而不是笼统和虚假的。你可以赞美对方的服装、工作成就或者是他们的见解。例如，如果对方分享了一个观点，你可以说:"我很欣赏你对这个问题的看法，它让我看到了不同的视角。"这样的赞美能够让对方感到舒适和自信，从而更愿意敞开心扉和分享。

　　掌握一些方法，你可以更快地与陌生人建立联系和亲密感。记住，每个人都是独特的，所以在实践这些方法时，要根据具体情况灵活运用。

暴露自己的糗事，拉近彼此距离

有社交焦虑的人往往特别害怕在社交场合、公众面前出糗或陷入尴尬的场景，因而会逃避社交。然而，换个思路我们会发现，出糗有时候反而是拉近彼此距离的好机会。

在人生的旅途中，我们每个人都有一些不那么光彩的时刻、一些让我们脸红心跳的小糗事。但是，正是这些糗事构成了我们的故事，让我们的人生变得丰富多彩。它们教会我们宽容、幽默，以及如何在困境中找到力量。通过分享这些糗事，我们不仅能够自我解嘲，还能拉近与他人的距离，因为它们展示了我们的真实和脆弱。

张伟是一名刚刚搬到新城市的年轻程序员。在一家科技公司工作的第一天，他满怀期待地走进办公室。为了给同事们留下好印象，他特意穿上了一件他认为非常正式的衬衫。

午餐时间，公司组织了一个小型的欢迎会。张伟紧张地站在一群新同事中间，感觉到自己的衬衫后背有些异样。他假装若无其事地摸了摸，却发现自己的衬衫标签挂在外面。原来他一早慌忙中穿衣服时，竟然把衬衫穿反了！

在意识到这个糗事后，张伟本能地想要找个地方躲起来。但在一瞬间，他决定换个方式处理这个尴尬的情况。他大声地对大家说："看来我今天是真的很激动能加入这个团队，连衬衫都穿反了！"

　　同事们听后都笑了起来，气氛突然轻松了许多。其中一个同事回应道："别担心，这里每个人都有过类似的第一天。欢迎加入我们！"

　　张伟不仅没有因为这个小小的糗事丢脸，反而以幽默的处理方式将其变成了与同事们建立友谊的契机。从那天起，张伟在公司以他的真诚和幽默赢得了许多朋友。

　　这个故事告诉我们，有时候，适时地分享一些个人的小糗事，可以展现出我们的真实和脆弱，让人们感到亲近和同情。它提醒我们，完美无瑕并不总是必要的，而真诚和幽默往往更能打动人心。

　　所以，我们不要害怕暴露自己的糗事。让我们勇敢地分享它们，因为这样我们不仅能够实现自我提升，还能鼓励周围的人。记住，每个人的生活都不是一帆风顺的，但正是这些起起落落塑造了我们，让我们成为今天的自己。让我们拥抱自己的糗事，因为它能展现我们人性中最真实的部分。

脱焦健身房

分享糗事能增进人际关系的原因和技巧：

1. 共情的力量

　　当我们分享自己不完美的时刻时，他人往往会感到更加容易接近我们，因为这显示了我们都是有缺点和弱点的普通人，从而激发了他人的共情反应。例如，讲述一次公共演讲中的失误或是日常生活中的小糗事，可以成为轻松愉快的交流话题，减少社交场合的紧张感。

2. 幽默的魅力

幽默是一种强大的社交润滑剂，它能够快速打破陌生感，建立亲密感。当我们以幽默的方式讲述自己的糗事时，不仅可以让别人笑出来，还能够展示我们的自信和开放态度。幽默感可以帮助我们在尴尬的情况下保持轻松，同时也让周围的人感到舒适。

3. 真诚的交流

真诚地分享我们的经历，包括那些不那么光鲜的部分，可以促进深层次的人际连接。当我们不避讳地讨论自己的失败和挫折时，实际上是在邀请他人与我们共享自己的故事。这种真诚的交流可以帮助建立信任和理解，是深化关系的基石。

适当暴露自己的糗事不仅能够拉近与他人的距离，还能够在人际交往中建立起更加真实和亲密的联系。记住，每个人都有自己的糗事，分享这些时刻，我们实际上是在共情我们人性中真实的部分。下次当你遇到尴尬的状况时，不妨试着分享出来，你可能会惊喜地发现，这正是增进友谊的开始。

职场焦虑，
你没有自己想象的那么不堪

技能焦虑，总是担心自己被时代淘汰

在这个快速变化的时代，技能焦虑成了许多人的共同感受。随着科技的迅猛发展和职场的不断演变，担心自己的技能会过时，被时代淘汰的想法时常困扰着我们。这种焦虑感触动了我们对于个人成长和职业发展的深刻思考。

技能焦虑的根源在于对未来的不确定性。在这个信息爆炸的时代，新的技能和知识层出不穷，而旧的技能可能很快就会变得不再适用。这种快速的更迭让人们感到不安，担心自己无法跟上时代的步伐。然而，这种焦虑也反映了人们对于自我提升的渴望和对于成功的追求。

阿亮是一个有十年工作经验的程序员。随着新技术的不断涌现，阿亮开始担心自己的技能会过时。他觉得自己必须不断学习新的编程语言和工具，才能保持竞争力。这种持续的压力让他感到焦虑和不安。

一天，阿亮参加了一个关于职业发展的研讨会，在那里他听到了一个重要的观点：技能焦虑并不是因为技能本身的缺失，而是因为对变化的恐惧。演讲者建议，应该专注于学习能力，而不是单一的技能。学习能力是一种适应新情况、快速掌握新知识的能力，这是任何行业都需要的。

阿亮深受启发，开始改变自己的学习方式。他不再追求掌握所有最新的技术，而是专注于提高自己的学习效率和解决问题的能力。他开始参加在线课程，学习如何快速学习。他还加入了一个技术社区，与其他专业人士交流经验。

几个月后，阿亮发现自己的焦虑感减少了。他不再害怕技术的变化，因为他知道自己有能力快速适应。他的工作表现也得到了提升，因为他能够更有效地解决问题，并且能够更快地学习新技术。

阿亮的故事告诉我们，技能焦虑是可以克服的。关键是要认识到，不断学习和适应新技术是职业生涯的一部分。通过提高学习能力，我们可以更好地准备自己，迎接未来的挑战。

面对技能焦虑，我们需要认识到每个人都有自己的节奏和路径。不是每个人都需要成为科技领域的专家，也不是每个人都需要追逐最新的趋势。重要的是找到适合自己的领域，并在其中不断深化和拓展自己的技能。通过这种方式，我们可以在变化中找到自己的定位，保持个人的竞争力。

技能焦虑是一个信号，提醒我们要保持警觉和积极的态度。它不是一个终点，而是一个起点，引导我们去探索更广阔的世界，发现自己的潜力和可能性。在这个不断进步的世界中，我们每个人都是学习者，都是探索者。我们的旅程充满了挑战，但也充满了机遇。让我们以开放的心态，迎接每一个成长的机会。

脱**焦**健身房

那么，当技能焦虑袭来时，应该如何应对呢？

1. 心态调整

技能焦虑很大程度上源于对未来的不确定感。调整心态，接受变化是生活的一部分，可以帮助你更好地面对焦虑。以平常心来实践终身学习，学会设定短期和长期的目标，庆祝每一个小成就，这样可以增强自信心。同时，保持健康的生活方式，如适量运动和充足睡眠，也有助于保持清晰的思维和积极的情绪。

2. 行业人脉网络建设

建立和维护行业人脉网络，可以让你接触到更多的机会和资源。通过与行业内的专家和同行交流，你可以了解行业动态，获得职业发展的建议，甚至发现新的职业道路。不要害怕求助，同时也要乐于助人，这样可以建立起互惠互利的关系。

通过以上方法，你可以有效地应对技能焦虑，保持自己的竞争力。记住，每个人都会经历不确定性，关键是如何应对挑战，保持成长。

能力焦虑，
我的工作做得是不是不够好

在现代职场中，能力焦虑是一种常见的现象，它是由于个人对自己工作表现的不断质疑和担忧所产生的一种焦虑。这种焦虑可能源自内心深处的不安全感，也可能是对外界期望的一种反应。无论其根源为何，能力焦虑都可能对个人的职业发展和心理健康产生深远的影响。

能力焦虑通常表现为对自己的工作成果持续不满意，即使他人给予了积极的反馈。受此影响的个人可能会过度工作，试图通过加班或完美主义来证明自己的价值。然而，这种行为往往会导致疲劳和效率低下，进一步加剧焦虑感。

长期的能力焦虑不仅会影响工作表现，还可能导致心理问题，如抑郁和焦虑症。个人可能会陷入一种恶性循环，不断地质疑自己的能力，从而阻碍个人的成长和发展。此外，能力焦虑还可能影响人际关系，因为个人可能会因为过度关注自己的表现而忽视与同事和家人的互动。

社会对能力焦虑的看法是复杂的。一方面，现代职场的竞争性质促使人们追求卓越和不断进步。另一方面，越来越多的声音开始呼吁重视员工的心理健康和工作生活平衡。企业和组织逐渐认识到，提供一个支持性的工作环境对于员工的长期福祉和公司的成功至关重要。

在一个名为"追求卓越"的大型跨国公司里，有一名名叫张华的员工。张华是部门里的资深项目经理，他总是努力超越自己，为公司带来最好的项目成果。然而，尽管他的工作表现一直很出色，他却常常感到不安，担心自己的工作做得不够好。

张华负责管理一个多元化的团队，他们正在开发公司的下一个旗舰产品。每当项目进入关键阶段，张华就会加班加点，确保每个细节都尽善尽美。他的同事们都很尊敬他，认为他是一个完美的领导者，但张华内心却充满了疑虑。

他开始注意到自己在会议上的发言越来越少，因为他害怕说错话或提出不够好的想法。他也开始回避与上级的交流，担心他们会发现他的不足。这种能力焦虑让他有种孤立感，影响了他与团队的沟通。

一次偶然的机会，张华参加了一个由公司组织的心理健康研讨会。在那里，他听到了其他人分享类似的经历，这让他意识到他并不孤单。研讨会后，他决定与人力资源部门的一名顾问交谈，寻求帮助。

通过几次对话，张华开始认识到自己的焦虑源于对完美的追求和对失败的恐惧。顾问帮助他制定了一系列的策略来重新建立自信，并学会欣赏自己的努力和成就。

几个月后，张华有了显著的改变。他开始更加自信地参与讨论，也更加开放地接受反馈。他的团队注意到了这些变化，并开始更加积极地与他合作。最终，他们的项目取得了巨大的成功，张华也被公司认可为年度最佳项目经理。

张华的故事展示了能力焦虑如何影响一个人的职业生涯和个人成长。通过寻求帮助和采取积极的措施，张华克服了自己的焦虑，找回了工作的热情和自信。这个故事告诉我们，面对能力焦虑，重要的是要勇于面对自己的恐惧，寻求支持，并相信自己的价值。

面对能力焦虑，个人可以通过反思自己的价值观和职业目标来找到内心的平静。了解自己的长处和短处，以及认识到不断学习和成长的重要性，可以帮助个人建立起对自己能力的信心。同时，与信任的同事、朋友或专业人士分享自己的担忧，也可以获得支持和新的视角。

脱焦健身房

那么，我们该如何应对能力焦虑呢？

1.目标设定与小步骤实践

设定清晰的短期和长期目标是克服能力焦虑的第一步。为自己设定可实现的目标，并将其分解为几个小步骤。例如，如果你想提高报告撰写的能力，可以从每天练习写作十分钟开始。这样的练习可以帮助你逐渐建立信心，并在工作中展现出更好的能力。

2.反思与自我评估

定期反思自己的工作表现，识别自己的强项和需要改进的地方。可以通过日志记录或与同事的讨论来进行这一过程。自我评估不仅可以帮助你了解自己的成长轨迹，还可以指导你在工作中做出更明智的决策。

3.持续学习

在任何职业中，持续学习都是保持竞争力的关键。利用在线课程、研讨会或行业会议来扩展你的知识和技能。这不仅能够帮助你跟上行业的最新动态，还能够在工作中应用新学到的知识，从而提高工作效率和质量。

通过这些方法，你可以逐步克服能力焦虑，提升自己的工作表现。

细节焦虑，
不允许自己有任何一点差池

细节焦虑，通常源于对完美的渴望和对失败的恐惧。这种心理状态可以追溯到童年时期，当时的我们为了获得他人的认可和赞赏，不断努力做到最好。长大后，这种心态可能会转化为一种内在的压力，驱使我们在每一个项目、每一项任务中追求无懈可击。然而，这种追求并不总是积极的。它可能会导致过度的自我批评，甚至是在完成任务时的无端拖延。

在职场中，细节焦虑可能表现为对报告的每一个数字、每一个字句的反复核对，对演讲稿的每一个逗号、每一个停顿的精雕细琢。这种对完美的追求虽然可以提高工作质量，但也可能导致效率低下，甚至影响到团队的协作和进度。

细节焦虑的背后，往往隐藏着对不确定性的恐惧和对控制的需求。在一个不断变化的世界中，追求完美可能是一种试图掌控环境的方式。然而，这种控制是一种幻觉，因为我们无法控制所有的外部因素。接受这一点，是理解和应对细节焦虑的第一步。

在一个快节奏的金融公司里，张莉是一名出色的分析师。她以对细节的极度关注而闻名，这使她在工作中取得了卓越的成绩。然而，这种对完美的追求也给她带来了巨大的压力。张莉经常加班到深夜，反复检查报告中的每一个数字和图表，生怕有任何错误。她的同事们都对她的专业精神表示赞赏，但也担心她的健康。

有一天，张莉在准备一个重要的投资报告时，发现了一个小错误。这个错误可能会被大多数人忽略，但对她来说，却是无法接受的。她决定重新做所有的分析，以确保一切都是正确的。这意味着她需要牺牲自己的周末时间来完成工作。她的家人和朋友都劝她放松一些，但她觉得这是她的职责所在。

然而，压力和疲劳终于让她的身体达到了极限。就在报告提交的前一天，张莉突然感到身体十分不适。她被迫请假，错过了报告的最后审核。幸运的是，她的团队成员接过了她的工作，成功地完成了报告的提交。报告获得了客户的高度评价，但没有人注意到张莉的贡献。

这件事成了张莉职业生涯的一个转折点。她开始反思自己的工作方式和生活态度。她意识到，虽然追求完美是好事，但也需要学会适度。她开始尝试更加平衡的工作和生活方式，学会了信任她的同事，并且允许自己犯一些小错误。她发现，这样不仅提高了她的生活质量，也使她成为一个更有效率和更受欢迎的团队成员。

张莉的故事告诉我们，细节确实重要，但我们也需要认识到自己的极限。在追求卓越的同时，我们也应该追求健康和幸福。

脱焦健身房

在职场中，我们可以采取一些策略来缓解细节焦虑。

1. 分解任务

将大任务分解为小任务，可以帮助你更容易地管理和专注于每个步骤。例如，如果你正在准备一个重要的演讲，你可以将其分解为研究主题、撰写草稿、练习发言等小任务。这样，你可以逐一克服，而不是一次性承受全部压力。每完成一小步，都给自己一些正面的反馈，这样可以增强自信心，减少因担心细节不完美而产生的焦虑。

2. 设定时间限制

给自己的任务设定一个时间限制，可以防止你过度沉迷于每一个小细节。例如，如果你正在编辑一份报告，你可以为自己设定每个部分只能编辑一小时。时间到了之后，即使你觉得还有改进的空间，也要强迫自己停下来，转向下一个任务。这种方法可以帮助你学会接受"足够好"而不是"完美"，从而减少细节焦虑。

3. 练习放手

有时候，我们对细节的执着源于对失控的恐惧。练习放手，意味着接受事情可能不会完全按照你的预期发展。你可以从小任务开始，比如让别人帮你完成一些不那么关键的任务，并信任他们的处理方式。通过放手，你可以逐渐学会信任过程，而不是仅仅专注于结果。

通过实施这些策略，你可以逐步克服细节焦虑，提高工作效率，同时保持心理健康。记住，追求完美是正常的，但它不应该妨碍你的幸福和生产力。

拖延焦虑，下定决心为何不去行动

在现代社会，拖延已经成为许多人面临的一个普遍问题。它不仅仅是时间管理的问题，更是心理和情绪的挑战。拖延焦虑，这个词汇准确地描述了那些知道自己需要采取行动，却因为各种原因迟迟不肯开始的人的心理状态。

拖延不是懒惰，它往往源于对任务的恐惧、对失败的担忧、对完美的追求，或是对未知的畏惧。这些情绪交织在一起，形成了一种难以克服的内心障碍。人们可能会下定决心，告诉自己"我必须做这件事"，但当转向实际行动时，却发现自己无法迈出那一步。

这种矛盾的心理状态，不仅影响个人的工作效率，还可能导致自我价值感的下降和情绪问题。人们在拖延中消耗着宝贵的时间，同时也在心理上受到折磨。他们明白行动的重要性，却又在行动的门槛前徘徊。

孙浩在一家知名的广告公司任职策划。有一次，老板新谈下一个大客户，把这家客户的策划案交给孙浩来做，并嘱咐他一定要认真对待，月底前把方案拿出来。

孙浩信心满满地接过任务，心想还有半个月时间，不急。他有信心在规定的时间内完成方案，于是决定先放松几天。

刚开始的几天，他每天上班时间刷视频、聊天……时不时他也会记起来还有个方案没做，心生一点罪恶感，但他总是自我安慰：最后几天做也一样，做得太早交给老板，肯定又要被反复修改，最后一天交给他，那就是终稿。于是尽管有点焦虑，但他又开始刷视频了。

就这样浑浑噩噩过了十多天，只剩下三天时间了，他有点慌了，准备开始工作。但一想到这个工作量有点大，三天时间估计很紧，焦虑和畏难情绪涌来，一时间他不知道该从哪里开始了，于是决定上网找找灵感，一天时间又过去了。更要命的是，第二天他被老板叫去参加一个广告学习研讨会，又耽误了一天。眼看就剩下最后一天了，孙浩彻底急了，在单位拼命写，晚上下班没完成又回家"开夜车"。这样匆匆写完的方案质量可想而知。

最后，客户对方案大为不满。公司为此赔偿了客户很多钱，孙浩也因为此事被辞退了。

这就是拖延给人带来的后果。拖延不仅会影响我们的工作和学习效率，也会影响我们的情绪和心态。拖延会让我们错过很多机会和可能性，也会让我们失去很多快乐和满足。拖延是一种自我伤害的行为，我们应该尽早改掉它。

脱焦健身房

那么，我们该如何克服拖延呢？

1. 采用优先级管理制订合理计划

在职场中，合理的优先级管理是告别焦虑和拖延症的关键。首先，列出所有待办事项，并根据重要性和紧急程度进行排序。

可以使用艾森豪威尔矩阵，将任务分为四类：重要且紧急、重要但不紧急、紧急但不重要、不重要且不紧急。这样可以帮助你明确哪些任务需要立即处理，哪些可以稍后完成。其次，设定明确的目标和截止日期，避免任务无限期拖延。将大任务分解成小步骤，每一步都有具体的完成时间，这样可以减少压力，逐步完成任务。此外，要定期回顾和调整优先级，确保你的时间和精力集中在最重要的任务上。通过优先级管理，你可以更高效地完成工作，减少焦虑感。

2. 采用番茄工作法及时执行

选择一个待完成的任务，并将定时器设定为 25 分钟，这段时间称为一个"番茄钟"。在这 25 分钟内，专注于当前任务，不允许任何干扰。番茄钟响起后，记录下一个番茄，并休息 3~5 分钟。每完成四个番茄钟（即 100 分钟工作时间），进行一次较长的休息，通常为 15~30 分钟。

番茄工作法的优点在于它能够提升集中力和注意力，减少中断。通过将任务分割成小块，用户可以更好地管理时间，避免拖延。此外，番茄工作法还增强了决策意识，帮助用户更清晰地规划和执行任务。

3. 设定一个奖励和惩罚机制，并且诚实地执行

奖励和惩罚既能激发动机和责任感，也能增加乐趣和挑战感。执行奖励和惩罚可以让我们享受成果和承担后果，也可以让我们建立自信和自律。

汇报焦虑，为什么我那么害怕见领导

汇报焦虑，即在向领导汇报工作时感到的紧张和恐惧，是许多职场人士共同面临的问题。这种焦虑可能源于对领导的敬畏、对自己表现的不确定性，或是对可能的负面评价的恐惧。理解汇报焦虑的根源，有助于我们更好地认识自己，也能够帮助我们在职业生涯中更加自信地面对挑战。

汇报焦虑往往与个人的自尊心和自我价值感有关。当我们在领导面前汇报工作时，我们不仅在展示我们的工作成果，也在间接展示我们的能力和价值。这种情况下，任何批评或负面反馈都可能被个人解读为对自身价值的否定。

在某些社会文化背景下，对权威的尊重和敬畏可能会加剧汇报焦虑。在这些文化中，领导通常被视为权威人物，他们的意见和评价具有重大影响。因此，向这样的领导汇报工作，可能会让员工感到特别有压力。

职场环境也是影响汇报焦虑的一个重要因素。在高度竞争的工作环境中，员工可能会感到更大的压力，因为他们需要证明自己的工作是有价值的。此外，如果公司文化不鼓励开放和诚实的沟通，员工可能会担心汇报中的任何错误都会导致严重的后果。

个人过去的经验也可能影响汇报焦虑的程度。如果一个人在过去的汇报中经历过负面的反馈，他可能会对未来的汇报持有恐惧感。

总之，汇报焦虑是一个复杂的现象，它涉及个人的心理状态、社会文化背景、职场环境和个人经验。虽然我们不能完全消除汇报焦虑，但通过理解它的根源，我们可以更好地准备自己，在职场中更加自信地面对挑战。

　　陈晨是一家大型跨国公司的市场分析师。她对数据有着敏锐的洞察力，但每次向公司高层汇报时，她都会感到极度紧张。尽管她的工作表现一直很出色，但她总是担心自己的汇报不够完美，害怕领导会对她的工作提出批评。

　　在一次重要的汇报会议前，陈晨花了几个通宵准备她的演示文稿。她反复练习她的汇报内容，试图预测并准备好回答任何可能的问题。然而，当她站在领导面前时，她还是心跳加速，嘴唇干燥，手也在颤抖。

　　陈晨开始汇报，但她的声音比平时小了几度。她注意到一位高层的眉头微微皱起，这让她的焦虑感更加强烈。她开始担心自己是否说错了什么，是否遗漏了重要的数据。这种恐惧让她的思绪变得混乱，她开始结巴，甚至忘记了她原本熟练的汇报内容。

　　会议结束后，陈晨感到非常沮丧。她觉得自己让团队失望了，也让自己失望了。但是，当她的直接上司走过来和她交谈时，她意外地得到了鼓励。从上司那里她得知，高层对她的分析印象深刻，只是那位高层当时正好有些不舒服，所以才皱了下眉头。

　　这次经历让陈晨意识到，她的汇报焦虑主要源于自己对领导反应的过度解读和对自己能力的不信任。她决定在未来的汇报中，更加专注于自己的工作内容，而不是领导的反应。随着时间的推移，陈晨学会了如何管理自己的焦虑，她的汇报也变得越来越自信和流畅。

　　陈晨的故事反映了许多人在职场中可能会遇到的汇报焦虑。通过这个故事，我们可以看到，汇报焦虑往往源于我们对自己的不确定和对领导反应的过度关注。当我们学会信任自己的能力，并专注于我们的工作成果时，我们可以更加自信地面对汇报的挑战。

脱焦健身房

那么，该如何缓解汇报焦虑呢？

1. 准备充分

准备是战胜汇报焦虑的关键。在见领导前，确保你对汇报的内容了如指掌。这包括对数据的准确把握、预案的周密考虑以及可能提问的深思熟虑。你可以通过模拟汇报来增强自信，找一个信任的同事或朋友，进行一次或多次的模拟演练。此外，准备一份清晰的汇报提纲，这不仅可以帮助你组织思路，也可以在汇报过程中作为一个参考点。记住，充分的准备可以减少不确定性，从而降低焦虑。

2. 正念冥想

正念冥想是一种有效的减压方法，它可以帮助你集中注意力、清除杂念、调整呼吸。在汇报前的几分钟里，找一个安静的地方，进行深呼吸练习，专注于呼吸的感觉，让自己的心态平和下来。当你的注意力开始偏离时，温柔地将其引导回呼吸上。这种方法可以帮助你在汇报时保持冷静和专注，减少因紧张而产生的生理反应。

3. 积极的心态

积极的心态对于管理焦虑至关重要。尝试将汇报看作是一个展示你工作成果的机会，而不是一次审判。相信自己的能力，认识到即使汇报不完美，也不会影响你的整体价值。在汇报前，给自己一些积极的肯定，例如"我准备得很好""我能够清晰地表达我的想法"。这些积极的自我对话可以提升你的自信心，减轻焦虑感。

通过这三种方法的实践，你可以逐步克服向领导汇报时的焦虑，更加自信地面对挑战。

开会焦虑，
站在众人面前说话越来越没有底气

在职场中，开会焦虑是一种常见的现象，尤其是当需要在众人面前发言时。这种焦虑可能源自对公众演讲的恐惧，也可能是因为担心自己的表达不够清晰或者担心他人的评价。无论原因如何，开会焦虑都可能对个人的职业发展产生影响。

开会焦虑通常与个人的自信程度有关。当一个人对自己的能力感到不确定，或者对自己的知识和技能缺乏信心时，他在公共场合发言的底气可能就会减弱。此外，过去的经历，如曾经在会议中遭遇尴尬或失败，也可能加深这种焦虑感。

社会文化背景也可能影响一个人在会议中的表现。在某些文化中，表达个人意见可能被视为不礼貌或冒犯，这可能会导致个人在公共场合更加拘谨。此外，如果一个人在成长过程中没有得到足够的鼓励和支持，他成年后在公共场合表达自己时可能就会感到不自在。

个人的性格特质也会影响其在会议中的表现。一些人可能天生就比较内向或羞涩，而这可能会导致他们在需要在众人面前发言时产生焦虑。另外，一些人可能因为缺乏准备或对话题不熟悉而感到焦虑。

开会焦虑不仅会影响个人的表现，还可能影响团队的沟通效率。如果一个团队成员在会议中不愿意分享自己的想法，这可能会阻碍团队的创意流动和决策过程。此外，如果一个人因为焦虑而回避参与讨论，他可能会错过展示自己能力和贡献的机会。

总之，开会焦虑是一个需要被认真对待的问题。它涉及个人的心理状态、社会文化背景和个人的性格特质。虽然我们不能完全消除开会焦虑，但通过理解它的根源，我们可以更好地准备自己，在职场中更加自信地面对挑战。

王莉是一名年轻的教师，她在教学工作中以勤奋和专业著称。尽管她在私下里对工作充满热情和信心，但每当她需要在学校全体师生大会上发言时，她就会感到焦虑和紧张。

在一次重要的教师培训会开幕式上，王莉被要求作为代表发言。准备过程中，她反复练习她的演讲稿，试图记住每一个内容点和重点说明。然而，当她站在讲台上，面对着领导、校长和同事们时，她感到自己的声音越来越小，她的手也开始颤抖，且心跳加速。

王莉努力集中注意力，但她的思绪不断被"他们会怎么看我""我的表现够好吗"这样的问题所干扰。她担心自己的表达不够清晰，担心遗漏关键信息，甚至担心一个小错误可能会影响领导对她能力的看法。

演讲结束后，王莉匆忙地离开了讲台，她的心情很沉重。她觉得自己没有做到最好，她的焦虑似乎已经影响了她的表现。但是，在会后，她的同事们走过来，告诉她她的发言非常有见地，她的观点让人印象深刻。

这次经历让王莉开始意识到，她的焦虑并不是因为她缺乏能力，而是因为她对自己的严格要求和对他人评价的过度关注。王莉决定改变自己的心态，学会信任自己的专业知识和经验，学会接受自己在公众面前说话时的紧张，因为这种紧张情绪是正常的。

随着时间的推移，王莉在发言中的表现越来越自信。她学会了如何管理自己的焦虑，如何在众人面前保持镇定。

王莉的故事是许多人在职场中可能面临的开会焦虑的一个缩影。它提醒我们，焦虑是一个普遍的情感体验，但通过自我认知和实践，我们可以逐渐克服它，更自信地在职场中发言。

脱焦健身房

那么，如何缓解开会焦虑，让自己在发言时更有底气呢？

1. 专注练习

专注于你的发言内容而不是你的紧张感。在练习时，尝试将注意力集中在你想要传达的信息上，而不是你的紧张情绪。这种专注可以通过练习逐渐建立起来，例如，你可以在练习发言时，专注于你的呼吸和语速，确保你的发言清晰而有力。

2. 角色扮演

在会议前进行角色扮演练习也是一个有效的方法。你可以请一位同事或朋友扮演你在会议中可能遇到的各种角色，如支持者、批评者或中立者。通过这种方式，你可以在一个安全的环境中练习应对不同类型的反馈和问题，这将有助于你在真正的会议中更加从容。

3. 小组讨论

如果可能的话，尝试在小组中先分享你的想法。在一个小型且熟悉的团队中进行讨论，可以帮助你建立信心，并准备好在更大的会议中发言。小组讨论也是一个获得即时反馈和建议的好机会，它可以帮助你改进你的发言内容和风格。

通过这些方法，你可以逐步建立起在公众面前发言的信心。记住，每次演讲都是一个学习和成长的机会。随着时间的推移和经验的积累，你会发现自己在公众面前发言越来越自如。

升职焦虑，
工作多年晋升的为何不是我

在职场中，升职焦虑是一种常见的情绪体验。这种焦虑可能源自对自己职业发展的不满和对未来的不确定感。理解升职焦虑的根源，有助于我们更好地认识自己，也能够帮助我们在职业生涯中保持积极和平衡的心态。

升职焦虑通常与个人的期望和现实之间的差距有关。当一个人对自己的工作投入了大量的时间和精力，却没有得到预期的晋升时，他可能会感到失望和沮丧。这种情绪可能会被进一步放大，特别是当他看到其他同事获得了晋升，而自己似乎被忽视了时。

职场文化和晋升机制也可能影响一个人的升职焦虑。在一些组织中，晋升的决定可能不够透明，或者晋升的标准可能不明确。这可能会导致员工感到困惑和不公平，从而加剧他们的焦虑感。

升职焦虑不仅会影响个人的心理健康，还可能影响工作表现。在焦虑的影响下，一个人可能会变得过于关注晋升的结果，而忽视了工作本身的价值和满足感。此外，长期的焦虑可能会导致疲劳和工作热情燃尽，进一步影响个人的职业发展。

升职焦虑是一个需要被认真对待的问题。它涉及个人的心理状态、职场文化、个人影响。虽然我们不能完全消除升职焦虑，但通过理解它的根源，我们可以更好地应对它，并在职业生涯中找到满足和成功。记住，职业发展是一个多维度的过程，晋升只是其中的一部分。关键是找到工作的意义和价值，以及在工作中实现个人成长和满足。

　　郭飞在一家大型跨国公司工作十年了。作为一个勤奋且经
验丰富的项目经理，他见证了许多同事的晋升，而自己似乎总
是被忽视。每次升职名单公布时，他的名字总是不在其中，这
让他感到既困惑又沮丧。

　　在公司的年度策略会议上，郭飞再次看到了新晋升的同事
们接受表彰。他坐在角落里，心中充满了疑问："我工作这么
多年，为什么晋升的不是我？"他开始质疑自己的能力，甚至
考虑是否应该换一份工作。

　　然而，在会议结束后，郭飞的上司找到了他。上司告诉他，
公司高层一直在关注他的努力和贡献，他们认为郭飞是团队中
不可或缺的一员。上司解释说，晋升不仅仅是关于时间的积累，
还涉及公司战略、个人能力的匹配，以及适当的时机。

　　上司鼓励郭飞继续发挥他的长处，并告诉他公司正在考虑
一个新的国际项目，他们认为郭飞是最合适的负责人。这个项
目将是一个展示他领导能力的绝佳机会，也可能是他职业生涯
的一个转折点。

　　几个月后，郭飞被任命为国际项目的负责人。他的领导能
力和项目管理技能得到了充分的发挥和认可。最终，他不仅成
功地带领团队取得了显著成果，还在最新的晋升名单中看到了
自己的名字。

郭飞的故事反映了许多人在职场中可能会遇到的升职焦虑。它提醒我
们，晋升是一个复杂的过程，受到多种因素的影响。通过保持耐心，继续
努力，并与上司沟通自己的职业目标，我们可以为未来的机会做好准备。
这个故事鼓励我们，即使在面对挫折时，也要保持积极和开放的态度，因
为下一个机会可能就在不远处。

脱焦健身房

那么，我们应该如何应对晋升焦虑呢？

1. 自我评估与目标设定

首先，进行深入的自我评估，明确你的职业目标和期望。问问自己：我是否具备晋升所需的技能和经验？我是否在工作中展现出领导潜力？确保你的职业目标是具体和可衡量的，并制订一个实现这些目标的计划。同时，向管理层展示你的成就和贡献，让他们知道你对晋升的渴望。

2. 拓展技能与行业人脉网络

晋升往往需要超越当前职位的技能和知识。应考虑参加相关培训或课程来提升自己。同时，建立和维护行业人脉网络也至关重要。这不仅可以提供新的职业机会，还可以让你从行业内的其他专业人士那里学到一些东西。积极参与行业会议和活动，这将增加你被注意到的机会。

3. 主动沟通与反馈

与你的上司定期沟通你的职业发展计划。寻求他们的指导和反馈，并询问你可以如何改进以达到晋升的要求。同时，如果可能的话，寻找一个导师，让他们提供宝贵的建议和支持。主动寻求更多责任和项目，这将展示你的能力和对工作的热情。

通过这些方法，你可以更好地定位自己，为职场晋升做好准备。记住，职业发展是一个持续的过程，保持积极的态度和开放的心态是成功的关键。

薪资焦虑，
为什么我觉得每个人的工资都比我高

薪资焦虑在职场中是一种普遍存在的现象，它涉及个人对自己收入水平的不满和与他人收入的比较。这种焦虑可能源自多种因素，包括个人的期望、市场标准、职业发展和社会比较心理。

许多人常常会有一种感觉：似乎每个人的工资都比自己高。这种感觉可能源于多种因素，包括社交媒体上的炫耀文化、同事间不透明的薪酬结构，以及个人的期望与现实之间的差距。

首先，社交媒体的兴起让人们更容易看到他人的生活片段，尤其是那些看似光鲜亮丽的部分。当人们在网络上看到朋友和同事分享的旅行照片、昂贵的餐厅用餐经历或是新购置的奢侈品时，很容易产生一种错觉，认为他人的经济状况远胜于自己。

其次，职场中薪酬的不透明性也是导致薪资焦虑的一个重要原因。在许多公司，员工之间关于工资的讨论仍然是一个禁忌话题。这种缺乏透明度的制度不仅阻碍了公平的薪酬谈判，也让员工在不完全了解信息的情况下相互比较，从而产生不必要的焦虑。

此外，个人的期望与现实之间的差距也不容忽视。在职业生涯的早期，许多人对自己的收入和职业发展有着较高的期望。然而，当现实与期望不符时，就容易产生挫败感和焦虑。这种心理状态可能会影响个人的工作表现和生活质量。

面对薪资焦虑，重要的是认识到每个人的职业道路和生活选择都是独特的。比较只会带来无谓的压力，而关注自己的成长和发展才是提升职业满意度的关键。通过设定个人目标、提升专业技能和建立工作与生活的平衡，人们可以更加自信地面对职业挑战，减少不必要的焦虑。

张豆豆刚研究生毕业，进入一家科技公司工作。他技术精湛又勤奋，工作还比较顺利。然而，他总觉得自己的工资比同行要低。每当他浏览社交媒体，看到朋友们晒出的海外旅行照片或是新购置的高端电子产品时，他的焦虑感就会加剧。他开始质疑自己的能力和价值。

有一天，张豆豆决定与他的导师进行一次坦诚的对话。导师告诉他，工资并不是衡量成功的唯一标准。他提醒张豆豆，每个人的生活成本、家庭责任和职业目标都不同。他还强调了继续学习和发展个人技能的重要性。

张豆豆开始意识到，他的薪资焦虑主要源于与他人生活的无谓比较。他决定专注于自己的职业发展，而不是他人的收入。他开始参加在线课程，提升自己的技能，并在工作中寻求更多的责任和挑战。

几个月后，张豆豆的努力得到了回报。他获得了晋升和加薪，更重要的是，他对自己的职业感到满意和自豪。他学会了欣赏自己的成就，而不是与他人比较。

通过张豆豆的故事，我们可以看到，薪资焦虑是可以克服的。关键在于认识到每个人的情况都是不同的，并且专注于个人成长和发展。记住，成功不仅仅是数字上的增长，更是个人满足感和幸福感的提升。

脱焦健身房

那么，面对薪资焦虑，我们要做好哪些准备呢？

1. 市场调研与自我评估

进行市场调研，了解你所在行业和地区的平均工资水平是非常重要的。这可以通过查阅行业报告、招聘网站和专业论坛来实现。了解这些信息后，你可以更客观地评估自己的工资水平。同时，自我评估也很关键。审视自己的技能、经验和工作表现，看看是否与你的工资相匹配。如果你认为自己的贡献被低估了，那么准备一份成就和贡献的清单，并在适当的时候与上级讨论加薪可能性。

2. 职业发展规划

长远来看，制定一个职业发展规划对于提高工资水平至关重要。设定职业目标，并为达到这些目标制订具体的行动计划。这可能包括参加培训课程、获取新的资格证书或是扩展你的专业网络。通过不断提升自己，你将为未来的职业发展和薪资增长打下坚实的基础。

3. 心态调整与社交圈选择

调整你的心态也是应对薪资焦虑的一个方法。避免与他人的工资进行不断比较，因为总会有人工资高于或低于你。专注于自己的成长和幸福，而不是数字上的比较。此外，选择一个积极向上的社交圈也很重要。与那些能够提供职业支持和正面影响的人交往，而不是那些让你感到不安和焦虑的人。

通过这些方法，你可以更加理性地看待自己的工资水平，并采取积极的措施来提高你的职业价值和收入。记住，工资只是衡量你职业价值的一个方面，你的职业满足感和个人成长同样重要。

裁员焦虑，我的未来到底在何方

在这个充满不确定性的时代，裁员的消息似乎成了许多人生活中的一部分。这种不安全感可能会让人感到焦虑和无助，尤其是当我们思考自己的未来时。

首先，我们必须认识到，裁员焦虑并不仅仅是对失业的恐惧。它是对未知的恐惧，是对改变的恐惧，是对失去控制感的恐惧。当一个人面临裁员时，他们不仅失去了一份工作，还可能失去了一种身份、社会地位和日常生活的稳定性。这种失去可以触发深层的不安全感，甚至是身份危机。

裁员焦虑还可能引发一系列的情绪反应，如悲伤、愤怒、羞愧和自我怀疑。这些情绪是正常的，是人类在面对重大生活变化时的自然反应。然而，如果不加以管理，这些情绪可能会演变成长期的心理压力，影响个人的健康和福祉。

在社会层面上，裁员焦虑还反映了更广泛的经济和文化问题。它揭示了我们对工作的依赖程度，以及工作在我们生活中的重要性。它也揭示了我们对社会安全网的需求，以及在危机时刻社会支持个人和家庭的重要性。

尽管裁员焦虑是一个复杂且深刻的问题，但通过理解它的根源和影响，我们可以开始寻找应对和适应的方式。这可能包括寻求社会支持、发展新的技能和兴趣，以及重新评估我们对工作和成功的定义。

阿威是一名在公司工作了五年的资深工程师，他对编程的热爱如同初恋般强烈。但在一次会议上，他意外听到了公司即将进行裁员的消息。这个消息如同晴天霹雳，让他的心情一落千丈。

在接下来的几周里，阿威的心情起伏不定。他开始怀疑自己的未来，焦虑感如影随形。他的工作效率受到了影响，夜晚的失眠让他白天提不起精神。他开始回忆起自己在公司的点点滴滴，那些加班熬夜完成项目的日子，那些与同事们共同庆祝成功的时刻。

终于，裁员的名单公布了，阿威的名字赫然在列。他感到一种被背叛的痛苦，同时也有一种解脱的轻松。他开始思考，是不是该借此机会寻找新的人生方向？

离开公司前的最后一天，阿威收拾着自己的办公桌，他的手指轻轻拂过键盘和屏幕，这些曾经是他施展才华的工具。他深吸一口气，对自己说："这不是结束，而是新的开始。"

阿威决定利用自己的技能去创立一个小型的编程工作室，他想要帮助那些像他一样曾经迷茫的人找到方向。他知道路途会充满挑战，但他也相信，只要有梦想和勇气，未来就在自己脚下。

阿威的故事展示了裁员给个人带来的焦虑和不确定性，同时也揭示了危机中的转机和个人成长的可能性。我们必须记住，尽管未来可能充满不确定性，但它也充满可能性。每一个结束都是一个新的开始的机会，每一次挑战都是成长的机会。通过保持开放和积极的态度，我们可以更好地应对生活中的不确定性，并找到属于自己的道路。

脱焦健身房

那么，我们该如何面对裁员带来的焦虑感呢？

1. 职业规划与技能提升

在不确定的职业环境中，持续的自我提升和学习是保持竞争力的关键。首先，评估你的职业兴趣和长期目标，然后寻找与之相关的技能培训和认证课程。利用在线资源，参加专业研讨会和工作坊，这些都是提升自己的有效方式。同时，建立一个行业人脉网络，通过行业联系人和社交媒体平台，保持与行业动态的同步。

2. 财务规划与预算管理

经济安全感是减轻裁员焦虑的重要因素。开始审视你的财务状况，预留应急资金，以应对可能的失业期。学习基本的财务规划技巧，如预算制定、节省开支和投资。考虑咨询财务顾问，以获得个性化的建议和策略。此外，了解你的权益，如失业救济和健康保险选项，这些都是在裁员后保护自己的重要步骤。

3. 寻求支持以保持心理健康

裁员不仅影响经济状况，也可能对心理健康产生影响。保持积极的心态，寻找支持系统，如家人、朋友或职业辅导。参与社区活动或志愿服务，这些都是扩展社交圈和提高自我价值感的好方法。不要害怕寻求帮助，无论是寻求职业辅导还是心理健康服务，都是应对裁员焦虑的有效途径。

通过实施这些策略，你可以更好地应对裁员带来的挑战，并为未来的职业道路做好准备。记住，每个人的情况都是独特的，找到适合自己的方法至关重要。保持乐观，积极面对变化，你的未来将充满可能性。

辞职焦虑，自己创业到底行不行

在职场中，辞职并开始自己的创业之旅是一个重大的决定，它充满了不确定性和挑战。许多人在这个过程中会感到焦虑和犹豫，这是完全正常的。创业意味着离开了熟悉的工作环境，投身于一个充满未知的新领域。这不仅仅是职业生涯的转变，更是生活方式和思维方式的转变。

首先，创业需要勇气和自信，相信自己的想法和能力能够创造出价值。这种信念是推动创业者前进的动力。其次，创业也需要耐心和毅力，因为成功往往不会一蹴而就。在创业的道路上，可能会遇到各种挑战和失败，但这些都是成长和学习的机会。

此外，创业还需要适应性和灵活性，因为市场和技术的变化是迅速的。创业者需要能够快速学习新知识，调整策略，应对变化。同时，创业也需要创新和创造力，不断地寻找和开发新的机会和解决方案。

创业不是一个人的战斗，它需要团队合作和社会支持。建立一个强大的团队，与合作伙伴、顾客和投资者建立良好的关系，是创业成功的关键。

总之，创业是一条充满挑战但也充满可能性的道路。它不仅仅是一种职业选择，更是一种生活态度和价值追求。对于那些愿意接受挑战、追求梦想的人来说，创业是一次值得尝试的冒险。如果你有一个创业的梦想，不妨勇敢地迈出第一步，你可能会发现，这条路虽然艰难，但也是非常精彩和有意义的。

杨乐乐是一个普通的会计师，她在一家大型跨国公司工作了十年。尽管她的工作稳定，收入可观，但她总感觉缺少了些什么。她有一个梦想，那就是开一家自己的咖啡馆，一个不仅能提供美味咖啡，还能提供温馨社交空间的地方。

但在做出决定前，杨乐乐一直在犹豫和焦虑，她的焦虑源于对未知的恐惧、对失败的担忧，以及对稳定收入的依赖。她花了很多个夜晚研究市场，制订商业计划，甚至参加了创业培训课程。她的家人和朋友对她的想法持保留态度，这让她更加难以抉择。

然而，杨乐乐最终下定了决心，她要为了梦想搏一把。她辞去了工作，用她的积蓄和一小部分借款开设了她的咖啡馆。开始的几个月非常艰难，客人稀少，收入微薄。但她没有放弃，她用心听取顾客的反馈，不断改进服务和产品。她还利用社交媒体进行宣传，吸引了一群忠实的客户。

一年后，杨乐乐的咖啡馆成了社区的热门场所。她不仅偿还了借款，还开始盈利。她的故事证明，尽管创业充满挑战，但通过坚持不懈、勇于尝试和不断学习，成功是可能的。

这个故事告诉我们，辞职创业确实是一个大胆的决定，但如果你有一个清晰的愿景，愿意付出努力和时间，那么它就是可行的。焦虑是正常的，但不应该让它阻碍你追求梦想。每个成功的创业者都曾经是一个焦虑的初学者，关键在于你如何克服这些挑战，实现你的目标。

如果你正在考虑创业，希望杨乐乐的故事能给你一些灵感。记住，每个人的创业之路都是独一无二的，你的故事也可以是成功的一章。

脱焦健身房

以下方法可以帮助你评估和准备创业之路以缓解焦虑。

1. 明确创业动机

创业不仅仅是为了摆脱不满意的工作或追求自由。一个强烈的、积极的创业动机是成功的关键。先问问自己：我为什么要创业？如果是为了实现个人价值，解决市场上的实际问题，或是对某个行业有深刻的理解和热情，那么这些都是坚实的出发点。反之，如果仅仅是为了逃避当前的不满，那么这样的动机可能不足以支撑你走过创业路上的艰难险阻。

2. 积累相关经验

在你辞职前，尽可能多地积累与创业相关的经验。这包括但不限于市场调研、产品开发、销售技巧等。如果你对销售不够熟悉，那么在辞职前最好先学习和实践这方面的技能。销售是创业成功的关键，即使你的产品再好，如果不能有效地销售出去，也难以实现商业成功。此外，了解你所在行业的趋势和发展，这将帮助你找到市场的切入点和用户的真正需求。

3. 制订详细计划

创业需要一个详细的计划，包括商业模式、市场定位、财务预算、团队建设等。一个好的创业计划不仅能帮助你清晰地看到创业的全貌，还能在寻求投资时展示给潜在的投资者。同时，计划还应包括风险评估和应对策略。创业是一场冒险，但通过周密的计划，你可以最大限度地减少不确定性和风险。记住，创业是一场马拉松，而不是短跑，耐心和持久的努力是必不可少的。

以上方法可以帮助你在考虑辞职创业时，有一个清晰的思路和准备。创业是一条充满挑战的道路，但同时也是实现梦想的途径。只要你有清晰的目标、坚定的信念和充分的准备，你就有可能在创业的道路上取得成功。

生存焦虑，
无形的**压力**让我无法喘息

财务焦虑，每天醒来就开始为钱发愁

在现代社会，财务焦虑成了许多人日常生活的一部分。每天醒来，账单、债务、收入不稳定或是未来的经济不确定性，总会引发我们对财务的深切担忧。这种焦虑感不仅影响个人的心理健康，还可能波及工作表现、人际关系乃至生活质量。

财务焦虑并非空穴来风，它根植于现实中的经济压力。在一个高度竞争的社会中，生活成本的不断上涨和收入增长的不确定性构成了一个令人担忧的背景。从房贷、教育支出到医疗费用，这些都是普通家庭需要面对的经济挑战。此外，经济周期的波动也会给个人带来额外的不安，尤其是在经济衰退或是市场动荡时期。

人们的财务焦虑还源于社会观念和文化因素的影响。社会对成功的定义往往与经济状况挂钩，这导致人们在没有达到某种经济水平时感到自己是失败的。此外，消费主义文化推崇的"拥有更多"理念，也不断激发着人们对物质的渴望，进而加剧了财务上的压力。

个人心理因素也是不可忽视的。对金钱的态度和价值观，以及个人的消费习惯和理财能力，都会影响到一个人对财务状况的感受。有些人可能因为缺乏理财知识而感到无助，而有些人则可能因为过度消费而陷入财务困境。

财务焦虑不仅仅是关于金钱的担忧，它还可能导致睡眠障碍、抑郁等心理健康问题。长期的财务压力甚至可能影响到人的身体健康，如心脏病和高血压等。在家庭中，财务问题也是夫妻争吵的常见原因之一，这可能对家庭关系产生负面影响。

　　康健是一名才华横溢的平面设计师，但他每个月的收入却难以预测。有时候，他会有连续几个月的项目，收入颇丰；但有时候，又会遇到几乎没有任何收入的"干旱期"。这种不稳定性让他感到焦虑，因为他无法确定下一个月的收入是否足以支付所有的账单。

　　他试图通过节省开支来应对这种不确定性，但每当他看到朋友们在社交媒体上分享他们的旅行和购物经历时，他就会感到自己被生活抛在了后面。这种社会压力使得他的焦虑更加严重，他开始怀疑自己的职业选择。

　　一天晚上，在准备第二天的工作时，康健的电脑突然崩溃了。这台电脑是他工作的重要工具，但他没有足够的储蓄来立即替换它。这件事成了压垮他的最后一根稻草。他感到绝望，不知道如何是好。

　　然而，就在他感到一切都失去希望的时候，他的一个老客户联系了他，给他提供了一个大型项目。这个项目解决了他即时的财务危机。但康健也意识到，像这样靠运气得到项目不是长久之计，他需要进行更合理的规划。

　　他首先制订了一个详细的预算计划，跟踪每一笔支出，并寻找减少不必要开销的方法。他还开始寻找副业，以增加收入来源。通过网络平台，他找到了一些自由职业的工作，如写作和图形设计。

　　康健还意识到，他需要提高自己的财务知识。他开始阅读财经书籍，参加在线课程，并咨询财务顾问。这些行动帮助他更好地理解投资和储蓄的重要性，以及如何有效管理债务。

　　经过几个月的努力，康健开始看到成果。他的预算更加合理，他也能为未来的不确定性储备一些资金。他的副业也为他带来了额外的收入，减轻了他的财务压力。最重要的是，他的财务焦虑得到了缓解，他开始享受生活，而不是每天为钱发愁。

康健的故事告诉我们，财务焦虑是可以被管理和克服的。通过制订计划、增加收入、提高财务知识和寻求专业帮助，任何人都可以改善自己的财务状况，并减少因金钱问题带来的心理压力。这是一个持续的过程，但每一个小步骤都会带来积极的变化。

脱焦健身房

财务焦虑是一个普遍的问题，如何缓解财务焦虑呢？

1. 制订预算和财务计划

首先，制定一个实际可行的预算是管理财务的基础。记录你的收入和支出，了解你的消费习惯。然后，设定短期和长期的财务目标，并制订一个计划来实现这些目标。这可能包括减少非必要的支出、增加储蓄或投资。有一个清晰的财务计划可以帮助你更好地控制你的财务状况，减少不确定性和焦虑。

2. 建立紧急基金

紧急基金是一笔为应对突发事件而储备的资金，通常建议至少储备三到六个月的生活费用。这样，在面临意外支出或收入中断时，你不必担心资金来源。建立紧急基金可以提供一个安全缓冲，减少因财务紧张而产生的焦虑。

3. 学习财务知识

提高财务素养可以帮助你做出更明智的财务决策。利用在线资源、书籍或咨询财务顾问，学习基本的财务管理、投资和税务规划等知识。了解如何有效管理你的财务，可以增强你的自信心，减少因不了解而产生的焦虑。

通过实施这些策略，你可以逐步建立起更健全的财务管理习惯，缓解财务焦虑，从而提高生活质量。记住，财务健康是一个持续的过程，需要时间和努力，最终会带给你稳定和平静的心态。

房产焦虑，没房想买房或有房房贷高

随着城市化的加速，房产已经成了现代生活中的一个重要组成部分。在许多人的心中，拥有一处自己的房产不仅仅是一个安身立命的港湾，更是社会地位和经济实力的象征。然而，这一切的背后，隐藏着一个不容忽视的问题——房产焦虑。

房产焦虑普遍存在于购房者和房产拥有者当中。对于没有房产的人来说，他们面临的是如何在有限的经济条件下购买到理想的房子。而对于已经拥有房产的人来说，高额的房贷则是一个持续的经济压力。这两种情况都可能导致个体的心理压力和焦虑感增加。

房产焦虑不仅仅影响个人的心理健康，还可能对家庭关系和社会稳定产生影响。它反映了现代社会中人们对于安全感和归属感的追求，以及在经济和社会压力下的挣扎。

房产焦虑的背后，是社会对个人成功的定义和期待。在许多文化中，拥有房产被视为成年人独立和成功的标志。这种文化期待使得那些没有房产的人感到自己落后，而那些为了房贷而努力的人则可能感到被束缚。房产成了一种社会身份的象征，而不仅仅是一个居住的场所。

在繁华的天河区，汪泽正面临着许多人共同的焦虑：房产的问题。作为一名普通的白领，他每天辛勤工作，只为了一个简单的梦想——拥有一个自己的家。然而，广州的房价如同悬在头顶的达摩克利斯之剑，让他感到压力特别大。

汪泽没有房产，每月的租金如同无底洞，让他感到经济的压力。他的父母也时常催促他尽快买房，但是高昂的首付和贷款利息让他望而却步。他的同事小张则面临着另一种困境，虽然拥有房产，但是高额的房贷让他每个月都要精打细算，生活质量大打折扣。

这是一个典型的两难困境，没有房子的人担心未来的居住问题，有房子的人则被房贷压得喘不过气来。在这个故事中，我们看到了房产焦虑在当代社会中的普遍性和复杂性。它不仅仅是经济问题，更是社会和心理问题。

汪泽和小张的故事，是无数城市青年的缩影。他们的焦虑和挣扎，反映了当前房地产市场的现状和年轻人的生活状态。这个故事没有简单的解决方案，但它提醒我们，房产不仅仅是几面墙，它关系到人们的幸福感和安全感。

通过这个故事，我们可以深入思考如何平衡生活和财务规划，如何在现实的压力和个人的梦想之间找到平衡点。也许，这将是我们这一代人共同面对和需要解决的课题。

脱焦健身房

面对房产焦虑，没有太好的解决办法，但以下这些建议有助于缓解此焦虑。

1. 调整期望值

调整你对房产的期望值可能有助于缓解焦虑。如果你的目标是购买房产，可以考虑更小、更实惠的房产，或者在房价较低的地区寻找机会。对于已经拥有房产的人来说，重新评估是否真的需要那么大或那么昂贵的房子，或许考虑置换房产来降低月供，也是减轻负担的方法。

2. 理性购房

在决定购买房产时，要进行全面的市场调研，了解不同地区的房价和未来的增值潜力。选择合适的时机和地点购房，避免盲目跟风。同时，要根据自身的经济能力合理确定购房预算，避免过度负债。

3. 房贷管理

对于已经有房但房贷压力大的业主，可以考虑重新调整房贷结构。与银行沟通，寻求降低利率或延长还款期限的可能性。此外，也可以考虑通过出租部分房产或进行房屋置换来减轻负担。

面子焦虑，何必总是打肿脸去充胖子

眼下的春节，攀比之风日渐盛行。亲戚、朋友、同学相聚，少不了各种比较：比红包、比礼物、比车子、比穿着、比娱乐……无休止的攀比，盲目消费，使得很多人在过年时充满焦虑，过完年后又要勒紧裤腰带过日子。

　　眼瞅着又快过年了，朋友圈里各种焦虑。S君："真不想回家过年了，劳民伤财啊！一回家大伙儿就各种比较，比谁的红包多，比谁的礼物贵，比谁开的车好。我也想'高大上'一回，但是兜里没钱啊！好郁闷！"F君："现在给小孩的压岁钱都在一百元以上，我好歹在北京漂了四五年了，肯定不能比别人差。算了算，一大家子的小孩有二十来个，每人给两百元，就得花去四千多元。这还不算给亲戚长辈的礼品。今年不用说，这项开支又得涨。伤不起啊！"W君："好友又去马尔代夫过春节了，我也想去，可是一个来回好几万人民币就没影了。唉，还是去吧，就算明年只能勒紧裤腰带过活。"……

　　一直以来，比红包都是春节的"保留项目"。我记得小时候，我收到的第一份红包只有10元，但是随着生活水平的大幅提高，红包的含金量也大幅攀升，50元、100元、200元，甚至更多。以前我还在上学的时候最喜欢收红包了，还喜欢和伙伴们比较谁得到的红包多。不仅小孩子喜欢比较，老人们也爱比，哪个闺女给得多，哪个儿子给得少……

除了比红包，比车子、比穿着也很常见。每次的同学聚会就是另一个重要的攀比场合。有个网友深有体会，他写道："如果有人穿着一身的名牌，你那从淘宝上高价抢购的折扣大衣就直接被秒杀了；如果有人开来价值过百万的宝马，你会顿时觉得自己二十万的新车黯然失色；如果某位同学刚买了一套别墅，你顿时会觉得自己两室一厅的房子太狭小了。"

在这种氛围之下，很多人哪怕生活拮据，哪怕面临高额的房贷，也要用钱给自己砸回一个面子。俗话说得好："人比人得死，货比货得扔。"在攀比的世界里，永远没有赢家。

脱焦健身房

那么，如何才能做到不攀比呢？

1. 自我认知

了解自己的价值观、兴趣和优点。不要将自己与他人直接对比，而是专注于自己的成长和进步。每个人都有不同的路线和时间表，不必与他人的进展相比。

2. 设定内在目标

设定内在的目标，而不是仅仅关注外在的标准。问问自己：我想成为什么样的人？我想要什么样的生活？这将帮助你更专注于自己的发展，而不是他人的评判。

3. 感恩和满足

珍惜自己所拥有的，而不是一味追求更多。感恩和满足是抵制攀比的有效方法。记住，真正的幸福来自内心，而不是外部的认可。

年龄焦虑，越来越老却还一事无成

年龄焦虑，这是一种随着时间的流逝而在许多人心中悄然滋长的情绪。它是对时间的焦虑，是对未来的不确定感，更是对个人成就的自我审视。

年龄焦虑的根源在于对时间的感知。随着年龄的增长，人们开始意识到时间是有限的，而且是不可逆转的。这种认识使得许多人开始回顾过去，评估自己的生活和职业成就。当他们发现自己的成就与社会标准或个人期望不符时，焦虑感便会产生。

社会和文化对个人的期望也是年龄焦虑的一个重要因素。在许多文化中，特定的年龄被看作是达成某些生活里程碑的"截止日期"。例如，某个年龄之前完成学业、获得稳定工作、结婚生子等。当个人的生活轨迹与这些期望不符时，他们可能会感到自己"落后了"。

随着社交媒体的普及，人们越来越容易将自己的成就与他人进行比较。看到同龄人取得的成就，无论是职业上的晋升、经济上的积累还是家庭生活的幸福，人们内心都会激发出一种"为什么不是我"的感受。这种比较可能导致个人对自己的成就感到不满，从而产生焦虑。

林峰今年 45 岁，他的生活似乎停滞不前。他在一个小公司工作了近 20 年，职位从未晋升，收入也没有太大的变化。他的同学们都在各自的领域取得了显著的成就，有的成了企业的高管，有的在国外定居，而他，似乎还在原地踏步。

　　每当林峰翻看同学们在社交媒体上分享的成功经历时，他都会感到一种深深的失落和焦虑。他开始质疑自己的人生选择，感到时间在一点点流逝，而自己却没有做出任何值得骄傲的成就。

　　有一天，林峰在公园里散步，看到一群孩子在玩耍，他们的笑声让他回想起自己的童年。那时候，他对未来充满了憧憬，对生活有着无限的热情。他突然意识到，他的焦虑并不是因为他没有成就，而是因为他忘记了享受生活本身。

　　从那天起，林峰开始改变自己的生活态度。他不再过分关注他人的成就，而是开始寻找自己真正热爱的事物。他报名参加了摄影课程，开始记录生活中的美好瞬间。他还加入了一个志愿者组织，帮助那些需要帮助的人。

　　随着时间的推移，林峰发现，尽管他的职位没有变化，但他的生活变得更加丰富和有意义。他开始感到自豪，不是因为他达到了社会的标准，而是因为他找到了自己的幸福。

　　林峰的故事告诉我们，年龄焦虑是一种常见的情绪体验，它源于我们对时间的感知和对成就的追求。然而，当我们重新审视生活的意义，找到自己的热情所在时，我们就能以更加平和的心态面对年龄的增长，享受生活中的每一个瞬间。

脱焦健身房

面对年龄焦虑，这里有三种策略可以帮助你缓解这种情绪。

1. 重新定义成功

成功是一个主观的概念，每个人对它的定义都不同。重新评估你对成功的定义可能会有所帮助。问问自己：真正重要的是什么？是职位、财富、影响力，还是家庭、健康、个人成长？通过明确你的价值观和目标，你更容易看到自己已经取得的进步，而不是只关注尚未实现的目标。

2. 设定可实现的短期目标

长期目标可能会让人感到压力很大，而短期目标则更容易达成，也更容易衡量。设定一系列小目标，并庆祝每一个小胜利。这不仅可以提高你的自信心，还可以帮助你保持动力和积极性。记住，每个小步骤都是通往最终目标的重要组成部分。

3. 培养成长心态

要有成长心态，相信自己无论在哪个年龄都能学习新技能和发展新兴趣。不要将年龄视为限制，而是作为积累经验和智慧的宝贵时间。通过不断学习，你可以发现新的激情和目标，这将有助于你看到自己的成长和进步。

通过这些方法，你可以改变对年龄与成就之间关系的看法，减少焦虑，并为自己的未来铺平道路。记住，每个人的旅程都是独一无二的，比起与他人比较，更重要的是专注于自己的成长和幸福。在这个过程中，给予自己理解和耐心，因为成长和发展需要时间。

时间焦虑，总感觉每天的时间都紧张

时间焦虑是现代生活中一个普遍的现象，它反映了人们对时间管理的挑战和对时间流逝的敏感性。

时间焦虑源于对时间的感知。在快节奏的社会中，时间被视为一种宝贵资源，而且似乎永远不够用。人们常常感到，无论自己怎样努力，总是有做不完的工作、参加不完的会议、处理不完的事务。这种感觉导致了一种持续的紧张感，仿佛时间是一个不断逼近的截止日期。

时间焦虑不仅影响个人的心理健康，还可能影响生活质量。当人们过于关注时间的使用效率时，他们可能会忽略了生活中的其他重要方面，如家庭、健康和个人成长。这种单一的焦点可能导致生活失衡，甚至引发更多的焦虑。

社会对效率和生产力的强调也加剧了时间焦虑。在工作环境中，员工常常被要求在有限的时间内完成越来越多的任务。这种压力不仅来自职场，也来自社交媒体和广告，它们不断地传递着"快速"和"高效"的信息。

时间焦虑的体验是个人化的。有些人可能会因为时间管理不善而感到焦虑，而有些人则可能因为对未来的不确定性或对错过重要机会的恐惧而感到焦虑。不同的生活阶段和个人经历都会影响一个人对时间的感受和反应。

张薇薇是一家知名广告公司的项目经理。每天，她的日程安排得满满当当，从早上的会议到晚上的客户应酬，她几乎没有一刻是空闲的。她的手机总是响个不停，提醒着她下一个截止日期、下一场会议、下一个需要解决的问题。

在外人看来，张薇薇是个成功的职业女性，但她自己常常感到焦虑。她担心自己无法在规定的时间内完成所有任务，担心错过了与家人和朋友相处的宝贵时光。每当她晚上回到家，看着那些未完成的工作，她都会有一种深深的无力感。

有一天，在准备一个重要演讲的前夜，张薇薇突然感到一阵剧烈的头痛。她意识到，这是她长期紧张和焦虑的结果。她开始反思自己的生活方式，是否真的需要这样高强度的工作节奏。

在那之后，张薇薇决定做出改变。首先，她开始记录自己的日常活动，包括工作、休息和娱乐的时间。她很快发现，她花在不重要的事情上的时间远多于她的预期。于是，她开始优先处理最重要的任务，并为每个任务设定时间限制。她还学会了说"不"，避免接受那些会分散她注意力的额外任务。

张薇薇还发现，她需要休息和放松的时间。她开始安排短暂的休息时间，进行散步或冥想，这帮助她重新集中精力。她还确保每晚有足够的睡眠，以便第二天能有更好的表现。

几周后，张薇薇的时间焦虑减轻了。她不仅工作效率得到了提高，也能更好地享受生活了。她意识到，时间管理不仅仅是工作效率的问题，更是生活质量的问题。通过合理安排时间，张薇薇找到了工作与生活的平衡。

这个故事告诉我们，时间焦虑是可以克服的。通过有效的时间管理技巧和自我反思，我们可以更好地掌控时间，减少压力，提高生活质量。

脱焦健身房

那么，该如何有效应对时间焦虑呢？

1. 优先级清单法

在面对时间焦虑时，首先需要明确的是，我们无法控制时间，但我们可以控制我们如何使用时间。建立一个优先级清单，将任务按照重要性和紧急性分类，有助于我们集中精力完成最为关键的工作。这样做可以帮助我们识别真正值得花时间的任务，并合理安排工作和休息时间。

2. 番茄工作法

前面提到过的番茄工作法不仅可以减轻我们的拖延焦虑，也可以有效减轻时间焦虑。25 分钟的工作和 5 分钟的短暂休息这一时间配比，能让我们提高工作的专注度和效率，4 个"番茄钟"后较长的休息，能让我们在紧张的工作之余获得必要的放松和恢复。

3. 时间日志法

记录时间日志，即详细跟踪一天中的所有活动和时间花费，可以让我们清晰地看到时间的去向。这种方法有助于我们发现时间浪费的"黑洞"，并进行调整。例如，我们可能会发现在社交媒体上花费了过多的时间，而这部分时间完全可以用于更有意义的活动。通过时间日志，我们可以更加自觉地规划每一天，确保时间被有效利用。

以上三种方法都是帮助我们更好地管理时间、减轻时间焦虑的有效策略。实践这些方法，需要一定的自律和持续的努力，但随着时间的推移，你会发现自己对时间的掌控感越来越强，时间焦虑也会逐渐减轻。

就业焦虑，高薪的工作在哪里

在当今快速变化的职业环境中，就业焦虑成了许多人的共同感受。随着技术的进步和全球化的影响，就业市场的竞争越发激烈。高薪工作似乎成了一种稀缺资源，让人们在追求职业发展的同时，也感受到了前所未有的压力。

高薪工作通常与特定的技能、经验和教育水平相关联。它们往往集中在科技、金融、法律和医疗等行业，这些领域要求高度的专业知识和技术能力。然而，这并不意味着其他领域就没有高薪的机会。创意产业、教育和服务业也在不断地创造出新的高薪职位，尤其是在那些能够结合技术创新与人性化服务的岗位上。

对于那些正在寻找高薪工作的人来说，重要的是要不断地提升自己的技能和知识。这可能意味着回到学校继续深造，或者通过在线课程和专业认证来增强自己的竞争力。同时，建立一个强大的行业人脉网络也同样重要。在职业发展的道路上，人际关系和专业联系往往能够开启新的机会之门。

此外，对于那些感受到就业焦虑的人来说，寻找工作与生活的平衡也是至关重要的。高薪工作可能带来经济上的安全感，但它也可能伴随着更高的工作压力和更大的责任。因此，找到一份既能满足职业抱负又能保持个人幸福感的工作，是许多人的终极目标。

总的来说，高薪的工作确实存在，但它们要求个人在职业技能、教育背景和工作经验上做出投资。在这个过程中，保持积极的心态，不断学习和适应，以及建立良好的人际关系网，将是走向成功的关键。对于那些正在经历就业焦虑的人来说，记住一点：你并不孤单，每个人都在为了更好的未来而努力。

　　李强刚从名牌大学毕业，满怀激情地踏入了职场。他的梦想是找到一份高薪工作，不仅能够实现自己的价值，还能给家人提供更好的生活。然而，现实往往与理想有着巨大的差距。

　　他投出去的简历如石沉大海，面试的机会寥寥无几。即使有面试机会，最后的结果也常常是"我们会联系你"。每次电话铃响，他都会紧张地接起，但往往都是推销电话。他的焦虑感逐渐增强，开始怀疑自己的能力和未来。

　　李强的朋友们似乎都找到了不错的工作，他们在社交媒体上分享着自己的成功。而李强依然在为找到一份理想的工作而奔波。他的父母也开始担心，不断地询问他的工作进展，这让他感到更加沉重。

　　一天，李强在图书馆偶遇了大学时的导师。在谈话中，导师了解到了李强的困境。导师没有直接给他提供工作机会，而是鼓励他继续提升自己，不要放弃寻找。导师的话让李强感到温暖，也重新点燃了他的希望。

　　几个月后，李强终于在一家新兴科技公司找到了一份工作。虽然薪酬并不高，但工作内容让他充满了热情。他开始意识到，高薪并不是唯一的衡量标准，找到一份自己喜欢且有成长空间的工作同样重要。

　　李强的故事告诉我们，就业焦虑是一个普遍的现象，特别是在寻找高薪工作的过程中。这种焦虑可能来源于对自我价值的怀疑、对未来的不确定，以及社会和家庭的压力。然而，通过不断的努力和积极的态度，每个人都可以找到属于自己的道路，实现自己的价值。

脱焦健身房

那么，该如何面对就业焦虑呢？

1. 成长性思维的培养

在就业的道路上，培养成长性思维是至关重要的。这意味着要相信自己的能力是可以通过努力提升的。清华大学社会科学学院原院长彭凯平教授强调，我们应该抛弃"世界末日综合征"，即认为当前的困难是不可改变的。相反，我们应该把每一次挑战都当作成长的机会，努力提升职业技能和个人素质。例如，可以通过参加专业培训、在线课程或者实习机会来提升自己的技能和经验。此外，保持积极的心态，接受可能的职业转变，也是适应不断变化的就业市场的关键。

2. 建立广泛的社交网络

社会学家格兰诺维特指出，弱联系，即那些非亲非故的社会联系，往往在求职过程中发挥着重要作用。这些联系可能来源于偶然的会面、社交活动或是线上交流。因此，建立一个广泛的社交网络，积极参与各种社会活动，不仅可以提高你的社交技能，还可能为你带来意想不到的工作机会。同时，展现出你的个人魅力和正面形象，也会增加他人帮助你的可能性。在现代社会，个人品牌的建立同样重要，可以通过社交媒体平台来展示自己的专业能力和成就。

3. 有效的情绪管理

面对就业焦虑时，有效的情绪管理是必不可少的。积极心理学提倡通过行动来缓解压力，这包括运动、社交和创造性活动。当感到焦虑时，可以尝试冥想、写日记或参与放松的运动来调节情绪。此外，与他人的沟通也是重要的途径，无论是面对面的交流还是通过写作和社交媒体发声。表达自己的困境和感受，不仅可以获得社会支持，还可以帮助自己更清晰地认识到自己的需求和目标。在必要时，寻求专业的心理咨询也是一个好的选择。

以上三点策略，旨在帮助个人在面对就业市场的挑战时，能够更好地定位自己，管理情绪，并最终找到满意的工作。记住，就业不仅仅是为了生存，更是为了实现个人价值和职业发展。保持积极的态度，不断学习和成长，你将能够在职业道路上走得更远。

前途焦虑，谁的青春不迷茫

青春，这个词汇常常与活力、梦想和无限可能性联系在一起。然而，对于许多人来说，青春也是一个充满迷茫和焦虑的时期。这是一个探索自我、面对未知未来的阶段，在这个阶段每个人都在寻找自己的道路和目标。

迷茫，是因为选择太多，方向不明确。在这个信息爆炸的时代，年轻人面临着前所未有的机遇和挑战。职业道路、生活方式、价值观念，每一个决定都可能影响他们的未来。焦虑，则源于对未来的不确定性和现实的压力。学业、就业、人际关系，每一个问题都可能成为心中的负担。

然而，正是这些迷茫和焦虑，构成了青春的真实写照。它们不仅仅是困扰，也是成长的催化剂。通过面对和解决这些问题，年轻人学会了自我反省、自我驱动和自我超越。他们在挑战中发现了自己的潜力和热情，在探索中塑造了自己的个性和理想。

青春的迷茫和焦虑，并不是要被解决的难题，而是要被理解和接受的经历。每个人的青春都是独一无二的，没有固定的模式或方法可以套用。重要的是，要勇敢地面对自己的感受，诚实地对话自己的内心，积极地寻找自己的兴趣和方向。

让我们拥抱青春的迷茫和焦虑，将它们视为自我发现和成长的机会。让我们在这段旅程中，不断学习、尝试和进步。请相信，每一步的探索和努力，都会带我们走向更加丰富和精彩的人生。

杨威即将大学毕业。他在大学里学的是计算机专业——一个看似有前途的专业。然而，随着毕业的日子一天天临近，他开始感到焦虑和不安。他对未来充满了不确定性，不知道自己是否真的喜欢编程，也不知道是否能在竞争激烈的就业市场中找到满意的工作。

　　杨威的父母希望他能找到一份稳定的工作，最好是在一家大公司。他们认为这样可以保证他的前途。杨威尊重父母的意见，但他内心深处有一种强烈的愿望，那就是探索世界，做一些有创意的工作，比如成为一名摄影师或旅行作家。

　　一个偶然的机会，杨威参加了一个摄影工作坊，这个经历彻底改变了他的人生观。他发现自己对摄影有着浓厚的兴趣，而且在拍摄过程中感到非常快乐。他开始在业余时间拍摄照片，并在社交媒体上分享。不久，他的作品受到了人们的关注和赞赏。

　　经过深思熟虑，杨威决定追随自己的激情。他开始尝试做一个自由摄影师，承接一些摄影工作，并逐渐建立起自己的客户群。虽然起初收入不稳定，但他感到前所未有的满足和自由。他的父母最初对他的决定感到担忧，但看到他的幸福和成功，他们逐渐理解并支持他。

　　杨威的故事告诉我们，青春的迷茫是正常的，它是自我探索和成长的一部分。重要的是要勇敢地追求自己的激情和兴趣，即使这意味着要走一条不寻常的道路。每个人的青春都是独一无二的，找到自己的道路是一次宝贵的旅程。

　　这个故事也提醒我们，前途焦虑并不是无法克服的。通过探索不同的可能性，我们可以找到自己真正热爱的事物，并为自己的未来铺平道路。无论你的激情是什么，追随它，你可能会发现一个你从未想象过的美好未来。

脱焦健身房

那么，面对青春期的迷茫应该如何应对呢？

1. 自我反思与目标设定

花时间进行自我反思，了解自己的兴趣、价值观和能力。设定短期和长期的目标，这些目标应该是具体、可衡量、可实现、相关性强和有时限性的。目标设定可以帮助你有方向地努力，并在实现它们的过程中获得成就感和自信。

2. 时间管理与规划

学会有效管理时间，制订日常计划和待办事项清单。优先处理重要且紧急的任务，同时也为休息和娱乐留出空间。良好的时间管理不仅可以提高效率，还可以减少压力和焦虑。你可以使用日历、应用程序或是传统的笔记本来帮助你规划时间。

3. 寻求支持与资源

当感到迷茫时，不要犹豫，寻求帮助。与家人、朋友或专业人士交流你的感受和想法。此外，利用学校或社区提供的资源，如职业规划中心或是兴趣小组。这些资源可以提供信息、指导和支持，帮助你探索兴趣和职业道路，同时也能让你感到不是孤单一人在面对困难。

通过这些方法，你可以更好地理解自己，制定和实现个人目标，以及在需要时寻求帮助。记住，每个人的成长路径都是独一无二的，不要担心与他人比较所产生的差距，专注于自己的旅程。

健康焦虑，天天担心自己是否有病

健康焦虑是一种常见的心理状态，它让人们过度担心自己的身体健康状况，即使是最微小的身体变化也可能被解读为严重疾病的征兆。这种焦虑可能源自多种因素，包括个人经历、信息过载，以及社会对健康的普遍关注等。

在数字化时代，我们接触到大量有关健康的信息。这些信息往往是复杂且矛盾的。对于那些已经对健康问题敏感的人来说，这些信息可能会加剧他们的焦虑感。

焦虑健康的人可能会频繁地检查自己的身体，寻找可能的疾病迹象。他们可能会因为网上的一篇文章或朋友的一次评论而开始担心自己的健康。这种持续的担忧不仅影响日常生活，还可能导致过度的医疗检查，这些检查本身可能带来额外的健康风险。

此外，健康焦虑还可能影响人际关系。焦虑的人可能会不断地寻求他人的安慰，或者反复询问家人和朋友是否注意到他们身体上的任何变化。这种行为可能会给他们的亲密关系带来压力。

尽管健康焦虑可能会带来许多挑战，但重要的是要认识到这是一种可以通过适当的策略来管理的情绪。通过了解健康焦虑的本质，人们可以开始采取措施来减轻其影响，从而过上更加平衡和满足的生活。

张女士是一位 30 岁的职场女性，她在过去的一年里一直受到健康焦虑的困扰。社交媒体上各种关于疾病警示的推送让她总是会担心自己是否患有某种严重的疾病。即使是最微小的身体不适，比如轻微的头痛或肌肉酸痛，也会让她惊慌失措，认为这可能是某种严重疾病的前兆。

她的日常生活开始受到影响。她经常去看医生，进行各种检查和测试，希望能得到一些安慰。然而，即使医生确认她身体健康，她的焦虑也没有消失。她的工作效率下降，社交活动减少，甚至开始避免与家人和朋友讨论健康问题，以免他们担心。

有一天，张女士在上班途中突然感到一阵晕眩，她立刻想到最坏的可能——中风。在紧张和恐慌中，她匆忙赶到医院。经过一系列的检查后，医生告诉她，这只是由于过度疲劳和压力导致的暂时性头晕，建议她好好休息，并尝试减少对健康问题的过度关注。

这次经历让张女士意识到，自己的健康焦虑已经严重影响了生活质量。于是，她决定寻求心理咨询师的帮助，学习如何管理自己的焦虑情绪。在咨询师的指导下，她开始接受认知行为疗法。通过与心理治疗师的定期会谈，她学会了如何管理她的焦虑，如何区分正常的身体感觉和疾病症状，以及如何停止不断地自我检查。

几个月后，张女士的状况有了显著的改善。她不再那么频繁地去看医生，也能更加理性地看待自己的健康状况。她开始重新参与社交活动，并且能够更加专注于工作。虽然她偶尔还会感到焦虑，但她已经学会了如何用积极的方式来应对这些感觉。

张女士的故事是一个提醒，健康焦虑是一种真实且常见的问题，它可以影响任何人的生活。但是，通过寻求专业的帮助和采取适当的治疗措施，人们可以学会如何管理自己的焦虑，并恢复正常的生活。

脱焦健身房

那么，面对健康焦虑该如何应对呢？

1. 认识和接受不确定性

健康焦虑往往源于对疾病不确定性的恐惧。要管理这种焦虑，首先需要认识到生活中的不确定性是无法完全避免的。接受这一点，可以减少不必要的担忧。例如，当出现一些身体症状时，不要立即假设最坏的情况，而是理性地看待这些症状，必要时寻求专业医生的意见。

2. 培养健康的生活习惯

健康的生活方式对于缓解健康焦虑有着积极的作用。规律的饮食和睡眠习惯、适量的运动、避免过度饮酒和使用非法药物，都能够帮助身体维持最佳状态，从而减少因身体不适引起的焦虑。同时，学习放松技巧，如深呼吸、渐进式肌肉放松，也能有效降低焦虑水平。

3. 心理干预和社会支持

当健康焦虑影响到日常生活时，寻求心理咨询和治疗是非常重要的。此外，建立一个支持性的关系网络，与家人、朋友或支持团体分享你的感受和担忧，也能帮助你减轻焦虑。记住，你并不孤单，有许多人和资源可以为你提供帮助。

以上就是对抗健康焦虑的三种方法。记住，健康焦虑是可以被管理和克服的，关键在于采取积极的态度和行动。

死亡焦虑，总是会想到自己如何死去

死亡焦虑，这是一个深刻而普遍的主题，几乎每个人在生命的某个阶段都会面对。它触及了我们最根本的恐惧——生命的终结。对于一些人来说，这种焦虑可能是偶尔的念头，但对于另一些人，这可能是一个持续的、压倒性的担忧，影响着他们的日常生活和心理健康。

死亡焦虑的形式多样，有些人可能会害怕死亡本身，担心死亡的过程或死后的未知。有些人则可能更担心生命的有限性，害怕没有足够的时间去实现自己的梦想和目标。还有些人可能会因为担心失去亲人而产生死亡焦虑，害怕自己没法应对这种痛苦。

产生这种焦虑有多种原因。它可能是对未来不确定性的一种反应，也可能是对生命意义的深刻探索。在某些文化中，死亡被视为生命循环的一部分，而在另一些文化中，它可能被视为终结或过渡到另一个存在的状态。

社会和媒体也影响着我们对死亡的看法。电影、书籍和新闻报道经常以戏剧化的方式展现死亡，这可能会加剧人们的恐惧。

尽管死亡焦虑是一个复杂的情感体验，但它也提供了一个机会，让我们反思生命的价值和意义。它可以激励我们珍惜每一天，与我们爱的人建立深厚的联系，并追求那些真正重要的事物。在某种程度上，对死亡的深刻认识可以帮助我们更加充分地活在当下，欣赏生命中的美好时刻。

死亡是生命不可避免的一部分，而如何处理与之相关的焦虑，是我们每个人都必须面对的挑战。通过接受死亡作为生命的一部分，我们可以更加自由地生活，不受恐惧的束缚。在这个过程中，我们可能会发现，生命的脆弱性和有限性实际上增加了它的宝贵和美丽。

张华是一名中年男子，他的生活平凡而稳定，有一个温馨的家庭和一份稳定的工作。然而，张华内心深处却有一个无法摆脱的阴影——死亡焦虑。每当夜幕降临，他的思绪就会不由自主地飘向那个终极的问题：自己将如何离开这个世界？

这种焦虑并非无缘无故。几年前，张华经历了一场严重的车祸，虽然最终幸存下来，但那次事故让他对生命的脆弱性有了切肤之感。从那以后，他就开始频繁地思考死亡，担心自己会在不经意间遭遇不测。

张华的家人注意到了他的变化。他开始回避家庭聚会，拒绝参与任何可能带来危险的活动，甚至开始规划自己的葬礼。他的妻子和孩子们尽力安慰他，告诉他他们需要他，希望他能够放下这些消极的念头。

张华表面上告诉妻子他没事，不要担心他，但内心对死亡的恐惧和焦虑越来越严重。有一次，半夜睡觉，张华做了一个噩梦，然后突然大声尖叫。旁边的妻子被他吓得坐了起来。只见张华也突然坐起，抓住妻子慌张地喊道："我要死了，救救我……"

"别怕，别怕，你只是做了一个噩梦，不是真的！"妻子一边揉搓着张华的后背，一边轻声宽慰。

通过这次事件，张华也意识到自己问题的严重性，不再拒绝妻子要他去看心理医生的建议。

在心理医生的帮助下，张华开始了解到，他的焦虑源于对未知的恐惧。通过一系列的谈话疗法和放松练习，张华学会了如何接受生命的不确定性，并开始重拾对生活的热爱。

随着时间的推移，张华的焦虑症状逐渐减轻。他开始重新参与家庭活动，和朋友们出去旅行，甚至开始尝试那些他以前害怕的运动。他意识到，生命的价值不在于它的长度，而在于它的质量。他决定不再让对死亡的恐惧控制自己的生活，而是要珍惜每一个当下，与家人共同创造美好的回忆。

张华的故事告诉我们，死亡焦虑是可以被克服的。通过专业的帮助和个人的努力，我们可以学会如何接受生命的终结，从而更加自由和勇敢地活在当下。

死亡焦虑是一个复杂的心理现象，它触及人类对生命、存在和终结的深层思考。通过了解死亡焦虑的影响因素，以及探索有效的应对策略，人们可以更好地面对这一普遍的心理挑战。

脱**焦**健身房

那么，应该如何应对死亡焦虑呢？

1. 接受死亡的自然性

死亡是生命的自然组成部分，每个生物都会经历。接受这一事实可以帮助我们减少对死亡的恐惧。试着将注意力转移到生活中的积极方面，如家人、朋友和你喜欢的活动。当你专注于生活的美好时刻，对死亡的担忧就会减少。

2. 生活在当下

专注于现在可以减少对未来的担忧，包括对死亡的担忧。练习正念冥想，学会欣赏每一天的小事。当你开始珍惜眼前的每一刻，你会发现生活中有更多值得庆祝的事情，而不是担心终结。

3. 寻求支持

与他人分享你的感受可以大大减轻你的焦虑。无论是与亲密的朋友交谈，还是加入支持小组，或者寻求专业的心理咨询，都可以帮助你处理这些情绪。通过与他人的交流，你会发现自己并不孤单，许多人都有类似的感受。

通过这些方法，你可以学会如何管理死亡焦虑，从而使它不再控制你的生活。记住，每个人都会经历这种感觉，但我们可以选择如何应对它。专注于生活中的积极方面，享受每一天，这将帮助你减轻对死亡的担忧。

婚姻焦虑，
对方<u>**真的**</u>是我可以托付的人吗

单身焦虑，外界压力与自我焦虑的博弈

在当今社会，单身成了许多人面临的现实。单身是一种选择，是追求个人自由和发展的体现。然而，单身可能伴随着外界的压力和自我焦虑。这种焦虑不仅来源于社会对于"成家立业"的期待，还可能源自个人对于孤独、未来和幸福的担忧。

外界的压力往往体现在亲朋好友的关心和询问中，他们可能会不断地问及你的感情生活，甚至给你介绍对象。这种压力也可能来自社交媒体，他人展示的恋爱故事和幸福瞬间，让人不禁自我比较，感到焦虑。

自我焦虑则更为复杂，它可能来自对自我价值的怀疑，对是否能找到伴侣的不确定感，或是对时间流逝的恐惧。许多人会问自己："我是不是不够好？""为什么别人都能找到伴侣，而我不能？"这种自我怀疑和焦虑会影响到他们的自信心和生活质量。

小美是一位30岁的职业女性，工作稳定，生活充实。然而，随着年龄的增长，她开始感受到来自家庭、朋友和社会的巨大压力。每次家庭聚会，亲戚们总是问她："你怎么还不结婚？"朋友们也开始陆续步入婚姻殿堂，这让小美感到越来越孤单和焦虑。

小美的父母非常关心她的婚姻大事，常常在电话里提到相亲的事情。每次听到这些话，小美都感到心情沉重。她知道父母是为她好，但这种无形的压力让她喘不过气来。公司里，同事们也时不时地开玩笑说："你这么优秀，怎么还单身呢？"

这些话虽然是无心的，却深深刺痛了小美的心。

除了外界的压力，小美也开始对自己产生怀疑。她常常在夜深人静时问自己："是不是我哪里不够好？为什么我还没有找到合适的人？"这种自我怀疑让她变得更加焦虑，甚至影响了她的工作和生活。

小美知道婚姻不能将就，不能因为各种压力就妥协。但她也明白，自己需要去改变，否则这种焦虑会让自己的生活变得一团糟。她开始寻求专业的心理咨询，学习如何管理自己的情绪和压力。她还加入了一些兴趣小组，结识了志同道合的朋友，这些新的社交活动让她的生活变得更加丰富多彩。最重要的是，她学会了如何享受单身生活，而不是将其视为一种负担。

通过不断的自我探索和努力，小美逐渐克服了单身焦虑。她意识到，幸福不是由婚姻状态决定的，而是由个人的心态和生活质量决定的。

小美的故事告诉我们，面对单身焦虑，我们需要的不是外界的认可，而是内心的平和与自我肯定。通过积极的自我提升和社交活动，我们可以发现生活的无限可能，享受每一个当下。单身并不意味着孤独，它也可以是自我成长和探索的宝贵时光。让我们拥抱生活的每一种可能性，无论是单身还是非单身，都能活出自己的精彩。

脱焦健身房

面对这种焦虑，有几种方法可以帮助单身者：

1. 接纳与自我关爱

单身并不意味着孤独或不完整。首先，接纳自己的单身状态，理解这是人生中的一个阶段，而不是永久的标签。自我关爱是关键，学会欣赏自己的优点和成就。每天花时间做一些让自己开心的事情，无论是阅读、运动还是学习新技能。建立健康的生活习惯，如规律的作息和均衡的饮食，有助于提升整体的幸福感。此外，练习正念冥想和深呼吸技巧，可以帮助缓解焦虑情绪。通过写日记记录自己的感受和进步，逐渐培养积极的心态。记住，单身是一个探索自我、提升自我的机会，而不是一种缺陷。

2. 建立支持系统

外界的压力往往来自社会期望和他人的看法。建立一个支持系统，包括家人、朋友和志同道合的同事，可以获得情感上的支持和理解。与信任的人分享自己的感受和困惑，寻求他们的建议和鼓励。参加兴趣小组或社交活动，扩大社交圈子，结识新朋友，丰富自己的社交生活。重要的是，学会筛选和过滤负面的声音，专注于那些真正关心和支持自己的人。

3. 设定现实目标与自我提升

焦虑常常源于对未来的不确定和对自我的不满。设定现实的短期和长期目标，有助于提供方向感和动力。无论是职业发展、个人兴趣还是健康目标，都可以通过制订具体的计划来实现。不断学习和提升自己的技能，增强自信心和竞争力。参加培训课程、阅读专业书籍或在线学习，都是不错的选择。同时，学会接受自己的不足，并以积极的态度面对挑战。通过不断的自我提升，逐渐减少对单身状态的焦虑，增强对未来的信心。

总之，单身并不意味着孤独或不完整，它是个人成长和自我发现的宝贵时期。通过理解和应对外界压力与自我焦虑，我们可以更加自信地走在人生的道路上，无论是独自前行还是与他人并肩。记住，每个人的幸福都是自己定义的，不应受限于他人的观念或期望。

爱情焦虑，
我找的这个人对我真的好吗

在现代社会，爱情焦虑是一个普遍存在的现象。它源自对伴侣的不确定性和对关系稳定性的担忧。当我们问自己"我找的这个人对我真的好吗"时，我们是在探索对方的感情真实性，寻求一种感情上的安全感。

爱情中的不确定性可以有多种因素，如沟通不畅、价值观差异、甚至是过去的经历。这些因素可能导致我们对伴侣的意图和行为产生怀疑。然而，这种不确定性并非总是负面的。它也可以成为个人成长和自我发现的催化剂。

信任是任何关系中的基石。当信任存在时，爱情焦虑往往会减轻。然而，建立和维持信任并非易事。它需要时间、耐心和双方的努力。

在探索这个问题时，我们可能会发现，关系中的不确定性和焦虑有时是由于我们自己的内心恐惧和不安全感。这可能源于早期的经历，或者是对未来的担忧。认识到这一点，我们就可以开始内省，理解自己的感情需求和期望。

每个人对"好"有不同的定义。有些人可能重视忠诚和稳定性，而有些人可能喜欢寻求激情和冒险。重要的是找到与自己价值观相匹配的伴侣，并在关系中寻求平衡与和谐。

小林是一名充满激情的年轻设计师，在一次展览会上遇到了小王，一个同样热爱艺术的女孩。他们很快就发现彼此有着共同的兴趣和价值观，一段美好的恋情就这样开始了。

随着时间的推移，小林开始感受到一种焦虑——他不断地问自己，小王对他真的好吗？他注意到小王有时会忽略他的信息，或者在他们约会时看起来心不在焉。每当这种情况发生时，小林的心里就会涌起一股不安，他开始怀疑小王的感情。

尽管小林的朋友们告诉他，这可能只是恋爱中的正常波动，但他的内心无法平静。他开始在小王的社交媒体上寻找线索，试图从她的点赞和评论中解读她对他的感情。他甚至开始怀疑小王是否在见其他人。这种怀疑让他的内心十分煎熬。

一天晚上，小林决定和小王坦白他的感受。他们在一家安静的咖啡馆里坐下来，小林向小王表达了他的不安和疑虑。小王听后感到惊讶。她解释说，她最近的项目非常忙碌，这让她分心，但这并不意味着她对小林的感情有任何改变。

这次坦诚的对话让小林松了一口气。他意识到，他的焦虑源于对失去小王的恐惧，而不是小王的行为。小王的保证和解释让他感到安心。从那以后，小林学会了信任小王，也学会了在焦虑的时候与她沟通。

这个故事告诉我们，在爱情中，沟通是缓解焦虑的关键。通过分享我们的感受和担忧，我们可以消除误解，建立更深的信任。爱情焦虑是正常的，但它不应该成为阻挡关系发展的障碍。相反，它可以成为促进双方理解和成长的契机。小林和小王的故事提醒我们，真正的亲密关系建立在信任、理解和开放的沟通之上。

化解爱情焦虑涉及自我发现、接受不确定性和建立信任。通过这个过程，我们不仅能更好地理解伴侣，也能更深入地了解自己。在这个过程中，我们可能会发现，真正的问题不在于对方是否对我们好，而在于我们是否愿意接受和珍惜对方的好，以及我们是否能够为对方提供同样的价值。

脱焦健身房

那么，应该如何应对爱情中的焦虑呢？

1. 沟通和表达

开放和诚实的沟通是任何关系中的关键。尝试与你的伴侣讨论你的感受和担忧。表达你的需要，并询问对方是否愿意支持你。注意对方的反应和愿意为改善关系所做的努力。如果对方愿意倾听并做出积极的改变，这是一个好的迹象。

2. 观察行为

行动胜于言语。观察你的伴侣在日常生活中是如何对待你的。对方是否尊重你的意见和决定？对方是否在你需要时给予支持？对方的行为是否一致地显示出爱和关怀？这些行为可以是评估对方对你的态度的重要指标。

3. 个人成长和独立性

在一段关系中，个人成长和独立性同样重要。评估你的伴侣是否鼓励你追求个人目标和兴趣。一个好的伴侣会支持你成为一个更好的人，而不是限制你。如果你发现自己因为这段关系而牺牲了个人成长，那么可能需要重新考虑这段关系的健康程度。

通过这些方法，你可以更好地理解伴侣和你们的关系。记住，没有完美的关系，但通过努力和承诺，两个人可以一起成长和进步。

结婚焦虑，一想到结婚就心烦

结婚是人生中的一个重大转折点，它标志着两个人共同生活的开始，承诺彼此忠诚与支持。然而，对许多人来说，结婚的想法也可能带来焦虑和烦恼。这种焦虑可能源于对未来的不确定性、对改变的恐惧，或者是对新角色应承担的责任的担忧。

结婚焦虑并不罕见。它可能表现为对婚礼细节的过度担心，如宾客名单、场地布置、预算管理等。对于一些人来说，焦虑可能更深层次地关联到对婚姻生活的期望，如伴侣间的相处、家庭责任，甚至是未来孩子的教育问题。

在现代社会，结婚的压力不仅来自个人内心，还可能来自外界的期待。社交媒体上展示的完美婚礼的图片和故事，这些可能无形中增加了即将步入婚姻殿堂者的压力。他们可能会担心自己的婚礼是否能达到这些标准，或者是否能满足家人和朋友的期望。

此外，结婚也意味着生活方式的改变。从单身生活到夫妻生活，这个过渡需要适应和调整。个人的时间和空间可能会减少，而与伴侣的互动和协调则会增加。这种生活方式的变化可能会让人感到不安，尤其是对于那些习惯独立生活的人。

尽管结婚焦虑可能会带来不适，但它也是一个自我探索和成长的机会。它可以促使我们思考自己对婚姻的期望，以及我们希望如何与伴侣共同建立未来。通过理解和接受这种焦虑，我们可以更加清晰地看到自己的需求和愿望，从而做出更符合自己内心的选择。

结婚是一个新的开始，也是一个学习和成长的过程。每个人对婚姻的看法都是独特的，没有所谓的完美答案。重要的是找到适合自己和伴侣的路径，共同创造一个充满爱的家庭。在这个过程中，我们可能会发现，结婚带来的不仅仅是责任和挑战，更有幸福和满足感。而对于那些感到焦虑的人来说，了解自己的感受并与之和平共处，可能是走向成熟和稳定婚姻生活的第一步。

　　小李是一个即将结婚的年轻人。他和未婚妻小张相恋多年，感情一直很好。然而，随着婚期的临近，小李开始感到焦虑和烦躁。他不确定自己是否准备好承担家庭的责任，是否能够成为一个好丈夫，以及他们的婚姻是否能够经受住时间的考验。

　　每当夜深人静，小李的脑海中就会浮现出各种各样的问题：我能够给小张幸福吗？我们的婚姻会不会像别人那样出现问题？我是否能够处理好双方家庭的关系？这些问题像幽灵一样围绕在他的心头，让他感到压力很大。

　　小李的焦虑甚至开始影响到他的日常生活。他变得易怒和沉默，对婚礼的准备工作也提不起兴趣。小张注意到了小李的变化，试图与他交谈，了解他的担忧。在一次深夜的长谈中，小李向小张坦白了自己的焦虑。

　　小张耐心地听完小李的倾诉，告诉他，结婚确实是一个重大的决定，但他们不需要面对所有的问题和挑战。她提醒小李，他们之间的爱情是婚姻坚实的基础，只要他们能够一起沟通和努力，就没有什么是不可克服的。

　　在小张的鼓励和支持下，小李开始放松自己的心态。他意识到，结婚不仅仅是责任和义务，更是两个人共同成长和探索的旅程。他开始积极参与婚礼的准备，并与小张一起规划他们的未来。

这个故事告诉我们，结婚焦虑是正常的，但关键在于如何处理这种焦虑情绪。通过与伴侣的沟通和支持，我们可以减轻这种焦虑，一起迎接婚姻生活带来的新挑战和乐趣。

脱焦健身房

面对结婚焦虑，这里有三种方法可以缓解心理压力。

1. 接受和理解焦虑的来源

焦虑往往源于对未知的恐惧和对改变的抗拒。结婚是人生中的重大转变，它意味着责任、承诺和生活方式的改变。首先，接受自己的焦虑是正常的，是对即将到来的变化的自然反应。然后，尝试深入探索这些焦虑的具体原因。是担心失去个人自由，还是害怕无法满足伴侣的期望？当你理解了焦虑的根源，就能更有针对性地处理它们。

2. 与伴侣进行开放和诚实的沟通

与你的伴侣分享你的感受至关重要。坦诚地讨论担忧和期望可以增进彼此的理解和信任。这不仅可以帮助你缓解内心的压力，还可以加强你们的关系。确保在一个没有干扰的环境中进行对话，给予彼此充分的时间和空间来表达各自的想法。

3. 寻求专业的咨询或治疗

如果你发现自己无法独立处理这些焦虑，寻求专业的心理咨询是一个明智的选择。专业的心理咨询师可以提供专业的指导和支持，帮助你发现解决问题的策略，学习如何管理和减轻焦虑。此外，参加婚前辅导课程也是一个不错的选择，它可以帮助你和你的伴侣更好地准备即将到来的婚姻生活。

完美焦虑，
我要找的伴侣一定要是完美无缺的

在当今社会，人们对完美的追求似乎无处不在。从社交媒体上精心策划的生活照片到电影中光鲜亮丽的爱情故事，这种对完美无缺的渴望已经深深植根于我们的文化之中。特别是在寻找伴侣的过程中，许多人设定了高标准，希望找到一个符合所有理想特质的人。这种现象有时被称为"完美焦虑"，它反映了个人对理想伴侣的期望与现实之间的差距。

完美焦虑并不是一个新现象，它在现代社会中变得越来越普遍。随着人们生活节奏的加快和选择的增多，寻找"完美"的伴侣似乎成了一种文化压力。这种压力不仅来源于外界的期望，也来源于个人内心的渴望。人们希望找到一个既能激发他们的爱情，又能在各方面与他们匹配的伴侣。

然而，这种对完美的追求可能会带来一系列的问题。首先，它可能导致人们对潜在伴侣的过度挑剔，从而错过了与真正合适的人建立关系的机会。其次，它可能造成个人在感情关系中的不满和焦虑，因为现实中很难找到一个完全符合理想标准的人。最后，这种焦虑还可能影响到人们的自我价值感，使他们认为自己不配拥有爱情，除非他们能找到那个"完美"的人。

面对完美焦虑，重要的是要认识到没有人是完美的，每个人都有自己的优点和缺点。在寻找伴侣的过程中，更实际的方法是寻找一个能够接受和欣赏彼此不完美之处的人。这意味着要学会欣赏对方的独特性，同时也要意识到自己的局限性。建立一段健康的关系需要双方的努力和妥协，而不是单方面的完美追求。

总之，完美焦虑是一个复杂的现象，它涉及个人的期望、社会的影响和人际关系的动态。在追求理想伴侣的过程中，保持现实的期望和开放的心态是至关重要的。通过理解和接受不完美，人们可能更容易找到真正的幸福和满足。

小芳是一名事业有成的律师，聪明、独立，对生活有着自己的追求。在爱情上，小芳也有着自己的标准：她梦想中的男人必须是完美无缺的——英俊、有才华、事业成功，同时还要体贴和浪漫。

小芳的朋友们为她介绍了不少优秀的男士，但她总觉得每个人都有这样或那样的缺点。或是太过忙碌，没有足够的时间陪伴她；或是不够浪漫，不能满足她对情感生活的期待。小芳的完美焦虑让她一次又一次地错过了可能发展成熟稳定关系的机会。

直到有一天，小芳遇到了小李。小李并不符合小芳心目中完美男人的所有标准，但他真诚、稳重，对小芳非常关心。他们一起度过了许多美好的时光，小李的种种优点逐渐让小芳感到温暖和安心。然而，小芳内心的完美焦虑仍旧时不时地冒出来，让她犹豫不决。

一次偶然的机会，小芳参加了一场关于"接纳与完美"的讲座。讲座中，心理学家谈到了完美焦虑对人际关系的影响，以及如何学会接纳他人的不完美。小芳深受触动，开始反思自己的态度。她意识到，真正的爱情不在于找到一个无缺的人，而在于找到一个愿意一起成长、共同面对生活挑战的伴侣。

经过深思熟虑，小芳决定放下对完美的执着，接受小李的求婚。他们的婚礼简单而温馨，小芳在婚礼上的笑容是那么的灿烂和真诚。她知道，生活中没有完美的故事，但有真实的幸福。

小芳和小李的故事告诉我们，完美是一种追求，但爱情的真谛在于接纳和珍惜眼前人的不完美。

在寻找伴侣的过程中，许多人都希望找到一个完美无缺的人。然而，现实中完美无缺的人是不存在的，每个人都有各自的优点和缺点。

脱焦健身房

以下是一些寻找理想伴侣的方法，帮助你在接受对方的不完美的同时，找到最适合你的那个人。

1. 重新定义完美

完美不应该是一系列固定的标准，而是一个关于个人价值和相互理解的概念。试着将注意力从表面的特质转移到更深层次的品质，如诚实、尊重和同情心。一个伴侣的完美可能在于他对你的关心和支持，而不仅仅是他的外表或成就。

2. 接受不完美

每个人都有缺点，这是我们共同的人性。接受这一点可以帮助你更加珍惜伴侣的优点。当你开始欣赏一个人的独特之处，包括他的不完美，你会发现真正的连接和深刻的爱情。

3. 共同成长

在一段关系中，重要的是两个人能够一起成长和进步。寻找一个愿意与你一起努力，共同克服困难的伴侣。这样的伴侣可能不是一开始就完美无缺，但如果你们都愿意为关系努力，那么你们可以一起变得更好。

记住，寻找伴侣不是一个完美的过程，而是一个不断学习和适应的过程。通过了解自己、学会接纳和共同成长，你可以找到一个适合你的伴侣，而不是一个表面上看起来完美无缺的人。最终，真正的完美可能就在于接受彼此的不完美。

矛盾焦虑，
别因为一点摩擦就否定婚姻

婚姻中的矛盾焦虑是许多夫妻面临的一个普遍现象。这种焦虑通常源于对冲突的恐惧，以及对这些冲突可能长期影响夫妻关系的担忧。在任何关系中，摩擦都是不可避免的，这是两个独立个体试图将他们的生活、价值观和习惯融合在一起时的自然结果。

矛盾焦虑可能会导致人们过度反应，甚至因为一些小的摩擦或误解而质疑整个婚姻的价值。这种焦虑可能会让人们感到困惑和不安，因为他们不确定如何处理这些冲突，或者担心这些冲突会导致更大的问题。

在婚姻中，矛盾和冲突实际上可以成为增进理解和亲密感的机会。它们提供了一个平台，夫妻双方可以在此表达自己的感受和需求，同时也可以学习如何倾听和理解对方的立场。通过这个过程，夫妻双方可以发现彼此的深层需求和期望，从而找到满足双方的解决方案。

然而，当矛盾焦虑成为主导时，它可能会阻碍这种积极的沟通。人们可能会选择避免冲突，而不是面对它们，这可能会导致问题的积累和情感的疏远。因此，认识到矛盾焦虑的存在，并学会如何在不放大问题的情况下处理冲突，对于维持一个健康的婚姻关系至关重要。

婚姻是一段旅程，它充满了挑战和奖励。在这个旅程中，夫妻双方需要学会如何共同成长和适应。摩擦和冲突是这个过程的一部分，它们不应该被视为婚姻失败的标志，而应该被视为夫妻双方建立更深层次连接的机会。通过共同努力和相互理解，夫妻双方可以克服矛盾焦虑，建立一个更加坚固和满足的婚姻关系。在这个过程中，最重要的是记住，没有任何婚姻是完美无缺的，每一段关系都需要时间、耐心和努力来培养和维护。

张华和王敏是一对结婚五年的夫妇。他们都是职场人士，工作压力大，经常加班。他们的生活节奏快，几乎没有时间进行夫妻间的深入交流。随着时间的推移，小摩擦逐渐积累，变成了大问题。张华经常因为工作晚归而被王敏责备，而王敏则因为张华的不理解而感到沮丧。

一天晚上，他们的争吵达到了顶点。王敏质问张华为什么总是忽视家庭，而张华则反驳说王敏不理解他的工作压力。在这场激烈的争吵后，他们都感到疲惫和失望，开始考虑是否应该结束这段婚姻。

然而，冷静下来后，他们意识到自己都还爱着对方，并不想就这样放弃。他们决定寻求婚姻咨询师的帮助。在咨询师的引导下，他们开始了一系列的沟通和自我反思。他们学会了如何表达自己的感受而不是指责对方，如何倾听对方的需求而不是立即反驳。

经过几个月的努力，他们的关系有了明显的改善。他们开始安排定期的夫妻时间，无论多忙都会保证有质量的相处。他们也学会了如何分担家庭责任，使工作和家庭生活更加平衡。

这个故事告诉我们，婚姻中的矛盾焦虑是可以通过努力和承诺来克服的。它需要双方的理解、尊重和沟通。当夫妻愿意一起面对问题并寻找解决方案时，他们的关系就有了成长和发展的机会。婚姻不是没有摩擦的，但正是这些摩擦让两个人能够更加深入地了解彼此，建立更坚固的联结。

脱焦健身房

那么，在婚姻中应该如何应对矛盾焦虑呢？

1. 学会理解和接纳这些矛盾焦虑

它们并不意味着婚姻的失败，也不代表爱情的消逝。相反，它们是婚姻生活中不可或缺的一部分，是夫妻关系成熟的标志。通过共同面对和解决这些问题，夫妻双方可以建立起更深层次的信任和理解。

2. 沟通是解决矛盾的关键

夫妻双方需要开放地表达自己的感受和需求，同时也要倾听对方的声音。这需要耐心、同理心和尊重。每个人都有自己的感受和观点，而在婚姻中，尊重这些差异是相处之道。

3. 保持个人空间和独立性

这也是婚姻健康的重要因素。每个人都需要时间和空间来发展个人兴趣、与朋友交往或仅仅是独处。这不仅有助于个人成长，也能为婚姻关系带来新鲜的空气。

同时，我们要认识到，没有完美的婚姻，只有不断努力和成长的婚姻。矛盾焦虑是成长的一部分，它提醒我们婚姻是活生生的，需要双方的努力和维护。通过理解和接纳，我们可以将这些挑战转化为加深彼此联系的机会。

经济焦虑，共同抵御暴风雨的到来

在这个充满变数的世界中，经济焦虑像一片乌云，常常笼罩在许多夫妻的头上。它是对未来财务安全的担忧，是对不稳定收入、高昂生活成本和不可预测的经济环境的恐惧。对于已婚夫妇来说，这不仅是个人的挑战，更是一场需要共同面对的暴风雨。

当经济的不确定性成为日常生活的一部分时，夫妻之间的关系可能会受到考验。压力可能会导致争吵，甚至是对彼此承诺的怀疑。然而，在这些挑战面前，夫妻之间的团结和合作显得尤为重要。共同抵御经济暴风雨的到来，不仅能够增强他们作为一个团队的凝聚力，还能够帮助他们发现解决问题的新途径。

经济的波动无法预测，但夫妻之间的支持和理解可以成为抵御这些波动的坚实基石。在经济困难时期，夫妻双方需要相互倾听、相互鼓励，并保持开放的沟通。这种互相支持不仅能够帮助他们共同寻找解决方案，还能够加深他们的情感联系，使他们的关系更加坚固。

经济焦虑的确是一场暴风雨，但正如任何风暴一样，它终将过去。夫妻之间的爱和承诺，就像是在风暴中的避风港，提供了安全感和温暖。通过共同努力和相互支持，夫妻可以一起渡过难关，迎接更加明亮的未来。

在四季如春的大理，李明和王莉是一对幸福的夫妻。他们共同经营着一家小餐馆，生意兴隆，日子过得平静而满足。然而，随着经济形势的突然变化，他们的生活也遭遇了前所未有的挑战。

一场全球性的经济危机席卷而来，小镇的游客数量锐减，李明和王莉的餐馆生意开始受到影响。收入的减少让两人感到前所未有的压力，经济焦虑开始悄然爬上他们的心头。他们担心未来的不确定性，担心是否能够继续维持他们的生活和事业。

面对这场突如其来的"暴风雨"，李明和王莉决定坐下来共同商讨对策。他们回顾过去的经营策略，探讨如何调整以适应新的经济环境。他们决定减少不必要的开支，同时寻找新的收入来源。王莉提出了在线销售他们餐馆特色菜品的想法，而李明则考虑开展外卖服务。

在这个过程中，尽管困难重重，但两人始终保持着相互的支持和鼓励。他们的关系因为共同面对挑战而变得更加坚固。他们学会了在逆境中寻找机会，而不是被困难所击倒。通过不懈的努力和创新，他们的餐馆逐渐适应了新的经济环境，并找到了新的生存之道。

李明和王莉的故事告诉我们，经济焦虑虽然可怕，但当夫妻双方能够携手共同面对时，就没有什么是不可克服的。他们的团结和合作成了抵御经济暴风雨的最强盾牌。在共同的努力下，他们不仅保住了自己的事业，也加深了彼此间的爱和信任。

脱焦健身房

面对经济焦虑，夫妻可以采取以下三种策略共同应对。

1. 建立共同的经济目标

夫妻双方应该坐下来讨论并设定共同的经济目标。这包括短期和长期的财务规划，如建立紧急基金、退休储蓄计划，以及子女教育基金。明确的目标可以帮助双方在经济上保持同步，共同努力实现这些目标，从而减少因经济问题引起的不必要的焦虑。

2. 透明的财务沟通

定期进行家庭财务会议，公开讨论收入、支出、债务和投资。透明的沟通有助于建立信任，并确保双方都了解家庭的财务状况。这样，当经济压力出现时，夫妻双方可以更加理解对方的担忧，并共同寻找解决方案。

3. 灵活的预算管理

制定一个灵活的家庭预算，考虑到收入的波动和不可预见的支出。预算应该包括固定支出、可变支出以及娱乐和休闲活动的费用。在经济紧张时期，夫妻双方应该调整预算，削减非必要的开支，以保持财务的稳定。

经济焦虑是许多家庭面临的现实问题，但通过共同努力和恰当的策略，夫妻可以一起克服这个挑战。重要的是保持沟通，相互支持。这样，即使在经济风暴来临时，也能够坚守阵地，保护好自己的家庭和未来。

患得患失，害怕失去来之不易的婚姻

在婚姻的海洋中，患得患失的情绪犹如隐形的暗流，时刻考验着我们的航行。这种恐惧，源自对幸福的渴望和对失去的恐惧，是人类情感中最为复杂和微妙的部分之一。

婚姻，作为人生中的重要部分，承载着我们对爱情、家庭和未来的无数憧憬和期待。我们投入了情感，建立了共同的记忆，共同规划了未来。在这个过程中，我们不仅分享了快乐和成就，也承担了风险和不确定性。正是这些不确定性，让我们时常感到焦虑，害怕一切美好的事物突然消失。

患得患失这种焦虑，往往源于对自我价值的怀疑和对伴侣忠诚的不信任。我们担心自己不够好，不足以维持这段关系，或者担心伴侣会变心。这种焦虑可能会导致我们过度解读伴侣的言行，甚至产生无端的猜疑和争吵，从而对婚姻造成实质的伤害。

然而，真正的婚姻力量，不仅仅在于两个人的相爱，更在于相互之间的信任和理解。它需要我们坚定地相信，无论生活带来什么样的挑战，只要我们彼此支持，共同努力，就没有什么是不可克服的。我们需要学会放手那些无法控制的事物，专注于当下，珍惜眼前人。

可可和她的丈夫结婚已经五年。他们的婚姻看似幸福稳定，然而，可可内心深处却一直有一种不安全感，总是担心她的丈夫会离她而去。这种感觉源于她过去的经历，她曾在前一段关

144

系中经历过背叛。

可可的不安全感开始影响她的日常生活和夫妻关系。她经常无缘无故地怀疑丈夫，对他的行为过度解读，甚至开始限制他的社交活动，希望能通过这样的方式把丈夫牢牢绑在自己身边。然而，这些行为反而造成了丈夫的不满和两人之间的矛盾。

有一天，可可在丈夫的口袋里发现了一张电影票，这场电影是丈夫和同事一起去看的，但他没有告诉可可。这个发现让可可的不安达到了顶点，她认为丈夫有了外遇。在一次激烈的争吵后，丈夫解释说那只是一次团队建设活动，他没有提及是因为不想让可可担心。

这件事情成了他们婚姻中的一个转折点。可可意识到，她的患得患失不仅没有保护她的婚姻，反而在无形中破坏了夫妻之间的信任。她开始寻求专业的心理咨询，学习如何管理自己的不安全感和焦虑。丈夫也开始努力平衡工作和家庭，确保能有更多时间陪伴家人。

经过一段时间的努力，他们的关系开始慢慢恢复。可可学会了信任丈夫，而丈夫也更加考虑可可的感受。他们的婚姻经历了一次考验，但最终变得更加坚固。

这个故事告诉我们，患得患失可能是出于对爱的渴望，但过度的担忧和不信任只会伤害到最珍贵的关系。真正的安全感来自内心的平和与相互之间的信任。

在面对患得患失的焦虑时，我们可以尝试将注意力转移到婚姻中的积极方面。回想那些共同度过的美好时光，那些彼此间的小确幸，那些一起克服困难的时刻。这些都是婚姻中坚不可摧的证据，是我们可以依靠的力量。

脱焦健身房

面对患得患失的焦虑，特别是在婚姻中，以下三种方法可能会帮助你缓解这种情绪。

1. 接纳与理解自己的情绪

首先，重要的是接纳自己的焦虑情绪，而不是试图压制或否认它们。理解自己害怕失去婚姻的原因，可能是因为你对这段关系非常珍视。然后，尝试分析这些情绪背后的具体原因，是否有实际的威胁婚姻的人或事存在，或者这只是一种过度的担忧。通过自我反思，你可以更清楚地了解自己的内心世界。

2. 增强个人的安全感

建立和增强个人的安全感可以减少对失去婚姻的恐惧。这包括提高自我效能感，即信任自己能够应对生活中的挑战和变化。同时，培养独立的兴趣和参加社交活动，不仅可以丰富你的生活，也可以减少对伴侣的过度依赖，从而减轻患得患失的焦虑。

3. 积极沟通和建立信任

与伴侣之间的开放沟通是缓解患得患失焦虑的关键。表达你的担忧，并听取伴侣的看法和感受。确保双方都在努力维护和加强这段关系。建立共同的目标和计划，这样可以增强双方的归属感和安全感，减少不必要的担忧。

通过实施这些方法，你可以更好地管理和克服对害怕失去婚姻的焦虑，同时也为夫妻关系注入更多的正能量和稳定性。记住，婚姻是一个持续的学习和成长过程，需要双方的共同努力和承诺。

欲望焦虑，别总想着改变你的伴侣

在婚姻的舞台上，每个人都扮演着自己的角色，带着各自的性格、习惯和欲望。有时，我们会发现自己陷入了一种焦虑——一种想要改变对方以适应自己期望的欲望焦虑。这种焦虑往往源于对完美婚姻的渴望，以及对现实中的不完美的恐惧。

想要改变伴侣，可能是因为我们在他们身上看到了自己不愿面对的缺点，或者是我们认为他们应该以某种方式存在以满足我们的需要。但这种改变的欲望，很少是出于对方的利益，更多的是出于自己内心的不安和控制欲。

我们必须认识到，每个人都是独立的个体，都有自己的思想和行为模式。试图改变对方，不仅是对他们个性的不尊重，也是一种自我中心的表现。这种行为可能会导致伴侣感到被压迫和不被接受，从而破坏了婚姻中的和谐与信任。

真正的爱，是接受对方的全部——包括优点和缺点。它意味着理解和尊重对方的个性，而不是试图将对方塑造成我们心目中的理想形象。当我们开始欣赏伴侣的独特之处，而不是执着于改变他们时，我们会发现婚姻中的美好远远超过了那些小小的不完美。

在这个过程中，我们也会学会自我成长。我们会发现，改变自己的态度和期望，往往比试图改变对方来得更有效。当我们放下控制欲，以开放的心态接纳彼此时，我们会发现，婚姻中的幸福并不是建立在完美之上，而是建立在理解、接纳和成长之上。

王娟是个漂亮的姑娘，大学毕业后嫁给了刘云。刘云警校毕业后就分在了公安局做内勤，工作和自己的专业是对口的，自己也很喜欢，而且是国家公务员，人人美慕。结了婚之后，两个人生活得也算滋润。王娟在一家外企做秘书，工作环境轻松舒适。

可是就在两个人结婚的第二年，王娟大学时的一个同学的老公辞去了公务员的工作，下海经商挣了不少钱，拥有了一家自己的公司，住的是别墅，开的是好车，很是阔绰。王娟很是美慕，开始鼓动刘云也去学着做生意。后来两人还为了这事吵过几次架，不过最后还是刘云妥协了。

公务员是不能有第二职业的，刘云又不愿意放弃自己喜爱的工作，于是他和一个朋友合伙开了一家餐厅，他出钱，那个朋友负责管理。仗着地理位置好，朋友又管理得当，一年的时间，刘云就还上了最初从亲朋好友那里借来的本钱，而且还赚了不少，刘云感到很高兴，觉得自己终于可以在朋友面前扬眉吐气了。可是，随着餐厅的生意越来越好，刘云不得不在下了班以后直接到餐厅去帮忙。渐渐地，夫妻两个人见面的机会越来越少，到最后，刘云除了偶尔回来拿几件衣服，根本就不回家了。

一次，王娟实在忍不住给刘云打了电话。她埋怨丈夫总是不回家，两个人从前的甜蜜时光都不见了。刘云有些不耐烦地说："我们本来过得很幸福，是你总觉得不满足，又想要洋房，又想要汽车，嫌我没本事给你，现在你又想要从前在一起的甜蜜时光，你到底还想要什么？我不是魔术师，你想要什么我就能给你什么，就算我是，我也满足不了你层出不穷的想法，我们最好都冷静一下好了。"

幸福的人往往都懂得最重要的事情不是期望模糊的未来，也不是去观察身边的谁比自己过得更好，而是重视享受身边的现在。每个今天都是一个与众不同的特殊的日子。重视身边的每一天，你就可以收获一生的快乐。

所有的幸福和不幸福，都源于自己的内心，你的感知左右着你的幸福。激荡狂欢是一种幸福，远离喧嚣、感受宁静也是一种幸福；有伴侣相伴是一种幸福，在父母身边膝下承欢也是一种幸福。其实幸福一直都在你心中，只是它无法开口说话，只要你懂得知足常乐，那么幸福也就可以常伴你的左右了。

脱焦健身房

那么，在婚姻中该如何处理自己的欲望焦虑呢？

1. 认识和接受差异

每个人都是独一无二的，拥有不同的性格、习惯和价值观。在婚姻中，尝试改变对方往往会导致双方的不满和矛盾。因此，首先要做的是认识并接受你的伴侣就是他现在的样子。试着理解他的行为背后的动机，而不是立即试图改变他。沟通你的感受和需求，同时也要倾听他的想法。这种相互理解和尊重是建立和谐关系的基石。

2. 加强自我成长

焦虑往往源于对自我价值的怀疑和不确定性。与其将注意力集中在改变你的伴侣上，不如将精力投入到自己的成长和发展上。参加兴趣小组，学习新技能，或者投身于志愿服务，这些都能帮助你建立自信和自我价值感。当你感到内心充实和满足时，你对伴侣的期望也会更加现实和温和。

3. 共同设定目标和计划

与其试图改变你的伴侣，不如与他一起设定共同的目标和计划。这可以是旅行计划、家庭预算或者子女教育等。共同努力去实现这些目标，可以增强你们作为一个团队的感觉，并减少想要改变对方的冲动。在这个过程中，你们可以学会协作和妥协，这对于任何健康的关系都是至关重要的。

通过这三个方法，你可以更加积极地处理与伴侣的关系，减少欲望焦虑，而不是试图改变你的伴侣。记住，真正的改变来自内心的成长和两个人之间的相互理解与支持。

养育焦虑，
别想着控制孩子的一切

怀孕焦虑，为什么我的宝宝还没到来

怀孕是一个充满期待和不确定性的过程，对于许多准父母来说，这段时间可能伴随着焦虑和担忧。焦虑的情绪可能源于多种原因，包括对未来的不确定感、对孩子健康的担心，以及对生产过程本身的恐惧。

父母和公婆的催促和担心可能会无意中增加准妈妈的心理压力。他们的紧张情绪很容易传染给准妈妈，使她们感到更加焦虑。此外，知识的缺乏也是产生焦虑的一个重要原因。年轻女性可能对怀孕的过程不够了解，对于如何保持孕期健康、对分娩的痛苦和剖宫产的恐惧等问题感到困惑。

焦虑不仅影响母亲的心理健康，还可能对胎儿造成影响。研究表明，孕妇在怀孕初期的情绪波动可能导致胎儿发育问题，如口唇畸形或腭裂。因此，理解和处理这种焦虑状态是非常重要的。

陈莉莉和王大伟已经结婚几年了，一直梦想着拥有自己的孩子。然而，尽管尝试了很长时间，莉莉仍然没有怀孕，这让她感到非常焦虑。

莉莉是一名会计师，她的生活一直以规律和计划为主。她习惯于掌控一切，但怀孕这件事完全不受她的控制。每当看到朋友们分享他们孩子的照片或听到亲戚询问她何时要孩子时，她的心里就充满了焦虑和不安。

老公王大伟总是尽力支持莉莉，但他也感到无助，因为他不知道如何减轻她的焦虑。他们尝试了各种方法，包括改变生活方式和寻求医疗建议，但仍然没有结果。

一天，莉莉在上班途中遇到了一位老朋友，她也曾经历过类似的焦虑。这位朋友分享了她的经历，并告诉莉莉，怀孕这种事，越心急焦虑越难怀上，只有放平心态，顺其自然，才更容易怀上宝宝。这位朋友说，她一开始也因为怀不上很焦虑，后来老公看到她每天因此寝食难安，决定带她去旅游散散心。旅游期间，她也没再想怀孕的事，而是全身心放在欣赏大自然的美景上，但也就是这种放松的心态，让她在旅游期间怀上了宝宝。她的话给了莉莉很大的启发。

莉莉也开始尽量让自己放松，不去想怀孕的事。为此，她还参加各种兴趣课程，通过培养兴趣爱好放松心情。

随着时间的推移，莉莉学会了如何处理她的焦虑。她意识到，成为父母不仅仅是生理上的事情，更是心理和情感上的准备。她和大伟决定，无论结果如何，他们都会享受生活，并珍惜他们作为夫妻的时光。

最终，当莉莉和大伟最不期待的时候，她发现自己怀孕了。他们的宝宝成了他们耐心等待和学会接受的美好证明。

这个故事展示了即使还没有怀孕，仅在备孕时焦虑就可能存在了。通过接受和适应，我们可以找到内心的平和，并对未来的可能性保持开放的心态。

怀孕是一个充满期待和不确定性的时期，许多准妈妈可能会感到焦虑。这种焦虑是正常的，但如果不加以管理，可能会影响孕妇和宝宝的健康。

脱焦健身房

面对怀孕焦虑，特别是在宝宝迟迟未到来时，可以通过以下三种方法来应对这种情绪。

1. 接受和表达情绪

认识到焦虑是一个自然的反应，是对未知的一种情感表达。不要试图压抑或忽视这些感觉，而是找到健康的方式来表达它们。

2. 生活方式的调整

调整生活方式是缓解焦虑的第一步。确保有足够的休息，避免过度劳累。适量的运动，如孕妇瑜伽或散步，有助于放松身心。此外，均衡的饮食也非常重要，确保获得必要的营养。避免摄入过多的咖啡因和糖，这些可能会加剧焦虑感。此外，建立一个支持系统，与可以信任的家人和朋友分享感受，能够获得情感上的支持和实际的帮助。

3. 医学干预的考虑

如果焦虑影响到了日常生活，你可能需要考虑医学干预。去咨询医生或产科专家，他们可以评估你的症状并提供适当的建议。在某些情况下，可能会推荐使用安全的抗焦虑药物。此外，补充维生素 B_6 和镁有助于调节神经递质平衡，缓解焦虑症状。但请记住，任何药物或补充剂的使用都应在医生的指导下进行。

以上方法可以帮助您保持平和的心态，享受这段特殊的时光。记住，关心自己的健康同样重要，因为一个健康的母亲将更有可能拥有一个健康的宝宝。

孕期焦虑，我的宝宝在肚子里健康吗

孕期是一个充满期待和不确定性的时期，准父母们对未来充满了想象，同时也可能会有许多担忧。其中最普遍的一个问题就是：我的宝宝在肚子里健康吗？这是每位准妈妈心中都会有的疑问，尤其是在面对孕期各种检查和指标时。

在孕期，医生会通过一系列的检查来监测胎儿的健康状况。这些检查包括超声波检查（B超），以及其他一些血液和尿液的检测。B超检查可以提供胎儿的生长发育情况，如双顶径（BPD）、头围（HC）、腹围（AC）、大腿骨长（FL）和肱骨长（HL）等指标。这些指标会随着孕周的增加而变化，医生会根据这些数据来评估胎儿是否健康。

除了这些物理指标，孕妇的身体感受也是了解胎儿健康的重要途径。孕妇可能会感觉到胎动，这是胎儿在子宫内活动的直接证据。随着孕期的进展，胎动会变得更加频繁和有力，这通常被视为胎儿健康的一个良好迹象。

然而，即使所有的检查结果都是正常的，孕妇仍然可能会感到焦虑。这种焦虑可能源于对未知的恐惧，也可能是因为对即将到来的生活变化感到不安。在这个特殊的时期，情绪的起伏是非常正常的。重要的是，准妈妈们要知道，医生和医疗团队会密切监测孕期的每一个阶段，确保母亲和胎儿的健康。

孕期焦虑是许多准妈妈共同的体验，特别是对于初次怀孕的女性来说。在这个特殊的时期，关于宝宝健康的担忧是非常正常的。

在一个温暖的春日午后，张蕾坐在她家的阳台上，用手抚摸着渐渐隆起的腹部。她的心中充满了对未来的憧憬，但也有一丝不易察觉的忧虑——她的宝宝在肚子里健康吗？

　　这是张蕾初次怀孕，每一次的产检都让她感到既兴奋又紧张。尽管医生每次都告诉她，一切指标都正常，宝宝发育良好，但她的内心仍然无法完全放松。每当夜深人静，她总会想象各种可能的情况，心中的焦虑像潮水一般涌来。

　　她的丈夫李强，是一位体贴的伴侣。他注意到了张蕾的焦虑，便决定陪她一起参加孕妇瑜伽课程，希望能帮助她放松心情。在那里，张蕾遇到了其他同样经历孕期焦虑的准妈妈们，她们分享彼此的经历和感受，这让张蕾感到自己并不孤单。

　　随着时间的推移，张蕾学会了通过呼吸和冥想来管理她的焦虑。她开始记录宝宝的胎动，每一次微弱的踢踹都让她感到宝宝的存在和活力。她也开始与李强一起为宝宝的到来做准备，他们一起装饰婴儿房，挑选婴儿用品。

　　终于，在一个星光灿烂的夜晚，张蕾感到了阵痛的到来。在医院的产房里，经过几个小时的努力，她和李强迎来了他们的宝宝——一个健康可爱的女儿。当她第一次抱起女儿，所有的焦虑和担忧都烟消云散了。她知道，从那一刻起，她的生活将充满了新的意义和喜悦。

　　这个故事反映了许多准妈妈在孕期所经历的焦虑，以及通过丈夫的支持和自我调适，她们如何克服这些情绪，迎接新生命的到来。它提醒我们，虽然孕期的焦虑是正常的，但我们并不孤独，总有办法找到内心的平静和力量。

　　孕期焦虑是一个复杂但普遍的现象。通过理解它的来源和影响，以及采取积极的应对措施，准妈妈们可以更好地管理这种情绪，确保自己和宝宝的健康。孕期是一个美妙的旅程，值得我们以最健康的心态去体验。

脱**焦**健**身房**

面对孕期焦虑，尤其是关于宝宝健康的担忧，有三种方法可以帮助准妈妈们缓解心理压力。

1. 建立信任感

孕期检查是监测宝宝健康的重要手段。信任医疗专业人员的专业判断和建议是至关重要的。当医生告诉你宝宝一切正常时，尽量放松心情，相信这些基于科学的评估。如果有疑问，不要犹豫，尽管提出来，让医生帮你解答，这样可以减少不必要的担忧。

2. 培养正面情绪

保持积极乐观的心态对母亲和胎儿都有好处。可以通过听轻松的音乐或进行轻度运动来调节情绪。与家人和朋友分享你的快乐和期待，让他们的支持成为你的力量来源。记住，情绪的好坏直接影响到你的身体状态，因此保持心情愉快是非常重要的。

3. 参与准备活动

积极参与为宝宝到来做准备的过程，可以转移对健康的过度关注。装饰婴儿房、购买婴儿用品、参加育儿课程，这些活动不仅能让你感到宝宝的到来即将成为现实的喜悦，也能帮助你更好地准备成为一名母亲。

通过这些方法，准妈妈们可以更加从容地面对孕期的各种变化，减少焦虑。孕期的每一天都是宝宝成长的宝贵时刻，保持健康的生活方式和积极的心态，不仅有助于宝宝的健康，也能让准妈妈享受这段特殊的时光。记住，关心宝宝的同时，也要照顾好自己。

养育焦虑，
养孩子的成本为何越来越高

在当今社会，养育孩子的成本不断上升已成为许多家庭面临的现实挑战。从医疗费用到教育支出，再到日常生活开销，父母们发现自己需要投入更多的资源来确保孩子能够获得他们认为必要的成长条件。

首先，医疗费用的增加是养育成本上升的一个重要因素。随着医疗技术的进步，新生儿和儿童的医疗保健服务变得更加先进，但同时费用也更加昂贵。此外，预防性医疗措施和长期健康管理也增加了家庭的经济负担。

其次，教育支出的增长也是一个不可忽视的因素。在许多国家和地区，优质教育资源变得越来越稀缺，家长们为了给孩子提供更好的教育机会，不得不支付高额的学费。从幼儿园到高等教育，教育成本的增加对家庭预算构成了巨大压力。

再者，日常生活成本的上涨也对养育孩子的总体成本产生了影响。食品、住房、交通和其他基本需求的成本持续上升，这意味着家庭必须花费更多的钱来维持一定的生活水平。

此外，社会和文化因素也在其中起着一定作用。现代社会对于孩子的期望和标准不断提高，家长们感到有压力，要提供更多的课外活动、技能培训和其他发展机会，这些都是额外的开销。

这些因素综合起来，导致了养育孩子的成本不断上升，给家庭带来了焦虑。家庭必须在有限的资源和不断增长的需求之间找到平衡，这是一个复杂且充满挑战的过程。

　　生活在北京的王亮和他的妻子张蕾在五年前迎来了他们的第一个孩子，小明。随着小明的成长，不断上涨的生活成本，让他们感到前所未有的压力。

　　王亮是一家知名公司的项目经理，而张蕾在一家外企担任高级会计，两人收入还算稳定。他们都希望给孩子最好的教育和生活环境，但随着时间的推移，他们发现这个目标变得越来越难以实现。北京的生活成本高昂，尤其是教育开支，让他们感到焦虑。

　　从小明上从幼儿园开始，王亮和张蕾就为他选择了高级的私立教育机构，希望给他最好的教育环境。然而，私立学校的学费不菲，每年的涨幅也让他们感到吃力。除了学费，还有各种课外活动和辅导班的费用，这些都是他们没有预料到的额外开支。

　　小明曾经因为过敏需要特殊的医疗照顾，这让王亮和张蕾不得不投入更多的医疗保险和治疗费用。即使有保险，高额的自付费用仍然是一笔不小的支出。

　　随着小明的成长，他的饮食、衣物和娱乐等需求也在增加。王亮和张蕾发现，他们现在的生活费用几乎是小明出生前的两倍。

　　王亮和张蕾都希望为小明提供一个无忧的未来，包括良好的教育和充足的生活保障。他们开始为小明的大学教育和可能的海外留学计划存钱，这意味着他们必须更加节俭和精打细算。

　　除了经济压力，养育焦虑还给王亮和张蕾带来了心理压力。他们担心自己是否能够给小明提供最好的条件，是否能够应对未来的不确定性。

　　王亮和张蕾为此开始认真考虑他们的财务规划。他们决定制定一个详细的预算，减少不必要的开支，并开始为孩子的教育基金积累资金。他们还加入了一些家长群，与其他父母交流养育孩子的经验和策略。

随着时间的推移，他们逐渐找到了平衡。他们意识到，虽然养育孩子的成本高昂，但通过合理规划和管理，他们仍然可以为孩子提供一个充满爱和机会的成长环境。

这个故事反映了许多家庭的情况。养育孩子的成本确实越来越高，这不仅仅是经济上的负担，还包括了心理和时间上的投入。但同时这个故事也说明了，虽然养育孩子的成本一直增加，但只要努力，总会找到应对这些挑战的方法。

脱焦健身房

面对教育焦虑，可以采取以下方法来缓解。

1. 预算规划与开源节流

养育孩子的成本确实不菲，但通过合理规划家庭预算，可以有效控制和减少不必要的开支。首先，家长需要明确家庭的收入和支出，制订详细的月度和年度预算计划。其次，家庭应该审视每一笔支出，区分必需品和非必需品，减少奢侈和冲动消费。例如，选择性价比高的教育资源，利用公共资源和社区活动来丰富孩子的成长经历。此外，家长可以通过增加收入来源，如兼职工作或投资来提高家庭总收入，从而减轻养育成本增加带来的压力。

2. 教育投资的长远规划

教育是养育成本中的一大支出。家长应当从孩子出生起就开始为其做教育储蓄，利用教育储蓄账户或其他金融工具来规划教育基金。这样可以分散教育成本在一定时间内的负担，同时利用复利效应增加投资回报。在选择教育资源时，家长应考虑性价比，不必追求昂贵的私立教育，而是根据孩子的兴趣和特长选择合适的教育路径。此外，鼓励孩子参与奖学金申请和竞赛，也是减轻未来教育成本的有效方式。

3. 社会支持与政策利用

政府和社会组织通常会提供各种支持来帮助家庭减轻养育成本。家长应积极了解和申请这些资源，如税收减免、儿童补贴、教育补助和公共托儿服务。这些政策和服务可以降低家庭的经济负担。同时，家长也可以寻求亲友和社区的帮助，共同照顾和教育孩子，以社区为单位共享资源和经验，形成良好的养育环境。

通过上述方法，家庭可以更加科学和理性地应对养育成本增加的挑战，减少养育焦虑，为孩子提供一个健康和快乐的成长环境。

二孩焦虑，想生又怕养育成本太高

在当今社会，随着生活成本的不断上升，许多家庭在考虑是否要生育第二个孩子时，都会面临一个共同的焦虑——养育成本高。据《中国生育成本报告 2024》显示，中国家庭养育两个孩子的平均成本相当于人均 GDP 的 6.3 倍，这一数字在全球范围内几乎是最高的。城镇家庭养育两个孩子的成本约为 112.8 万元，而农村家庭则约为 68.1 万元。这些数字无疑给想要生育第二个孩子的家庭带来了压力。

然而，这种焦虑往往忽略了家庭情感的价值和孩子带来的非物质收益。孩子的到来不仅仅是经济上的负担，更是家庭幸福的源泉。兄弟姐妹之间的相互陪伴和支持，可以培养出更强的社会交往能力和情感联结性。家庭成员之间的爱和欢笑，是无法用金钱衡量的。

此外，随着政策的逐步完善，国家和社会也在努力减轻家庭的经济负担。例如，一些地方政府已经开始提供生育补贴，增建幼儿园，以及推广男女平等的育产假等措施，这些都有助于减轻家庭的经济压力。

最重要的是，家庭应该根据自己的实际情况来做决定。每个家庭的情况都是独特的，没有统一的答案。对于一些家庭来说，生育第二个孩子可能确实是一个经济上的挑战，但对于另一些家庭来说，这可能是一个完全可以承受的选择。家庭应该综合考虑自己的经济状况、生活方式和长远规划，做出最适合自己的决定。

在考虑生育第二个孩子时，我们不应该只关注数字和成本，还应该考虑家庭的幸福、孩子的成长和家庭成员之间的关系。这些都是生活中不可或缺的部分，它们构成了我们生活的真正意义。

　　在北京的一个普通家庭里，李明和王芳夫妇正面临一个重要的决定：是否要生育第二个孩子。他们已经有一个五岁的女儿小悦，她活泼可爱，是家里的开心果。但随着国家二孩政策的放开，他们开始考虑是否给小悦添一个弟弟或妹妹。

　　李明是一名工程师，王芳在一家银行工作，他们的收入稳定，生活还算舒适。但是，他们担心，如果生第二个孩子，养育成本的增加可能会影响到家庭的经济状况，甚至影响到小悦未来的教育和生活质量，这让他们有点焦虑，犹豫不决。

　　一天晚上，李明和王芳在客厅里讨论这个问题。王芳说："我知道现在养育孩子的成本很高，特别是教育费用。但我也相信，有了第二个孩子，我们的家庭会更加完整，小悦也会有个伴。"

　　李明点点头，他也有同样的感觉。他说："我们可以做一个详细的财务规划，减少一些不必要的开支，比如外出旅游和购买奢侈品。我们还可以提前为孩子的教育建立基金。"

　　就这样，他们开始制订计划，调整预算。他们还参加了一些育儿课程，学习如何高效地利用资源，确保两个孩子都能得到良好的教育和关爱。最终，他们决定迎接第二个孩子的到来。

　　几年后，他们的家庭新添了一个活泼的小男孩小宇。尽管生活变得更加忙碌，但李明和王芳都觉得这是值得的。他们通过合理规划和相互支持，成功地克服了经济压力。小悦和小宇的笑声充满了他们的家，给他们带来了无尽的快乐和满足感。

　　这个故事告诉我们，虽然养育两个孩子确实需要更多的经济投入，但通过合理规划和家庭成员之间的支持，这种焦虑是可以被克服的。家庭的幸福和孩子的成长远比金钱更加宝贵。

面对养育两个孩子的经济压力，许多家庭可能会感到焦虑。然而，通过一些明智的规划和策略，可以有效地管理养育成本。

脱**焦**健身房

以下是三种方法，帮助家庭减轻养育两个孩子的财务负担。

1. 预算规划与开支管理

精心规划家庭预算是控制成本的关键。首先，记录下所有的收入和支出，了解资金流向。其次，识别哪些是必需开支，哪些是可以削减的非必需开支。例如，可以通过购买二手儿童用品、选择性价比高的教育资源来节省开支。此外，提前为孩子的教育和医疗费用设立储蓄账户，可以分散未来的经济压力。

2. 共享资源与合理消费

兄弟姐妹之间共享资源是降低成本的有效方式。衣物、玩具和书籍都可以在孩子们之间传递使用，减少不必要的重复购买。同时，培养孩子的合理消费习惯，让他们理解家庭的经济状况，学会珍惜和正确使用物品。家长也可以通过团购、使用优惠券等方式购买日常所需，以更低的价格获得更多的商品。

3. 收入增长与副业开发

增加家庭收入也是缓解经济压力的途径之一。家长可以考虑提升自己的职业技能，争取工作中的晋升和加薪机会。此外，开发副业或兼职工作也是增加收入的有效方法。例如，利用个人特长或爱好，如摄影、写作或在线教学，来赚取额外的收入。这不仅可以提高家庭总收入，还能丰富家长的个人生活。

通过这些方法，家庭可以更好地应对养育两个孩子的经济挑战，减少焦虑，享受家庭生活的乐趣。记住，有效的财务管理和积极的家庭策略可以大大减轻经济压力，为孩子提供一个稳定和充满爱的成长环境。

分数焦虑，想到孩子的成绩就彻夜难眠

在当今竞争激烈的社会中，家长们对孩子的学业成绩格外关注。分数焦虑，这个词汇准确地描述了许多家长在面对孩子的学业表现时所感受到的压力。这种焦虑不仅影响家长自己的心理健康，也可能对孩子产生不利影响。

首先，我们必须认识到，分数并不是衡量孩子全部价值的唯一标准。孩子的成长是一个全面的过程，包括情感发展、社交能力、创造力、独立性等多方面的培养。过分关注分数，可能会忽视了这些同样重要的成长元素。

其次，分数焦虑可能会导致家长在无意中传递给孩子过多的压力。孩子可能会感受到家长的期望和不安，从而产生恐惧和逃避学习的心理。这种情绪反应，绝非学习的良好动力。

此外，家长的分数焦虑还可能影响家庭氛围。家是孩子的避风港，应该是他们感到安全和被支持的地方。如果家长总是因为分数问题而焦虑不安，家庭的氛围就可能变得紧张，不利于孩子的健康成长。

因此，作为家长，我们需要学会调整自己的心态，理解分数只是孩子成长道路上的一部分。我们应该更多地关注孩子的兴趣，激励他们的好奇心和探索精神。通过鼓励和支持，而不是压力和焦虑，我们可以帮助孩子建立起自信和自主学习的能力。

最后，家长的身教比言教更为重要。我们的行为和态度，会直接影响孩子。我们展现出的对学习的积极态度，对失败的宽容接受，以及对探索未知的勇气，都是可以传递给孩子的宝贵财富。

王慧把期中考试的数学试卷拿给妈妈看，成绩是46分。妈妈仔细一看，发现有一大半是因为马虎而出错的。平日里文文静静的女儿，每天都认真地做作业，但是为什么成绩还如此糟糕呢？妈妈思考了一会儿，还是笑着鼓励女儿："没事的，我相信你下次能取得很大的进步。"然后，妈妈帮助王慧把试卷上的错误找出来，指出了王慧粗心大意的毛病。女儿很认真地听着妈妈的教导，并表示下次一定改正。

不久后的一次数学考试中，王慧考了86分。当她高兴地将试卷递给妈妈时，她的脸上洋溢着自信的微笑。妈妈看到女儿进步了非常高兴，说："我知道你是个聪明的孩子，不管你每次考多少，我都希望你下一次考试的时候不要有压力，这样就可以考出理想的成绩了。"

帮助孩子消除成绩所造成的压力和烦恼，可以让孩子在下一次考试中没有思想包袱。孩子不用担心万一没考好会受到惩罚，就可以全身心地投入考试，这样往往能取得好成绩。所以，父母应该让孩子带着轻松的心情学习、考试，快乐地生活。

无论孩子的考试成绩如何，父母都应该多给孩子认可和鼓励。当孩子考试失败的时候，父母应该坚信孩子会在下次取得好成绩，要知道父母对孩子的信任可以帮助孩子忘掉学习的烦恼。要对孩子的付出给予肯定："爸爸妈妈相信你一定可以的，只要你付出努力。"

脱焦健身房

以下是三种帮助家长缓解分数焦虑的方法。

1. 理解分数不是一切

认识到分数只是衡量学习的一种方式，而不是评价孩子全部价值的标准。孩子的成长不仅仅体现在分数上，还包括他们的个性发展、社交能力、创造力等多方面。家长应该鼓励孩子全面发展，而不是只关注分数。

2. 建立积极的沟通方式

与孩子建立开放而正面的沟通渠道，了解他们在学习上的困难和需求。不要只在成绩出现问题时才与孩子交流，而应该经常性地进行交谈，分享彼此的想法和感受。这样可以减少孩子的压力，同时也能让家长更好地了解孩子的学习状态。

3. 设定合理的期望

家长应该根据孩子的实际能力和兴趣设定合理的期望。不要给孩子过高的压力，也不要因为一时的成绩波动就过度焦虑。应该鼓励孩子努力学习，但同时也要接受孩子会有不同的学习节奏和方法。

通过以上方法，家长可以更加平和地看待孩子的学业成绩，从而减轻自己的焦虑情绪。重要的是，家长的态度会直接影响孩子，因此保持积极和支持的态度对孩子的健康成长至关重要。

亲子焦虑，孩子怎么就是不听我的话

在现代社会中，亲子关系面临着种种挑战，其中之一便是亲子焦虑。这种焦虑往往源于父母对孩子行为的期望与实际情况之间的差距。孩子不听话，可能有多种原因，包括成长阶段的自我探索、对环境的反应，或是与父母的沟通方式不对。

首先，我们必须认识到，孩子是独立的个体，他们有自己的思想和感受。他们的行为和选择可能与父母的期望不同，但这并不意味着他们就是不听话。其次，孩子的不听话可能是他们试图表达自己的独立性，或是对某些事情的不满或困惑。这时，父母的任务是尝试理解孩子的立场和感受，而不是单纯地强调服从。

亲子关系是一个复杂而深刻的话题，它涉及情感、沟通和相互理解。在这个过程中，父母的耐心、开放性和愿意学习是至关重要的。通过这些努力，亲子关系可以成为一种支持孩子成长和发展的强大力量。

程伟是一名事业有成的律师，工作繁忙，常常需要加班到深夜。他对儿子小亮的期望很高，希望他能在学业上有所成就，将来继承自己的事业。然而，小亮却对学习没有太大兴趣，更喜欢画画和音乐。

每当程伟试图与小亮讨论学习计划时，小亮总是显得心不在焉，有时甚至会直接走开。程伟感到非常焦虑和沮丧，他不明白为什么小亮不愿意听他的话，不愿意遵循他为小亮制定的成长路线。

一天晚上，程伟早早地回到家，决定和小亮好好谈一谈。他发现小亮正在房间里画画，画得非常投入。程伟坐在小亮旁边，静静地观察了一会儿。他突然意识到，虽然他一直在关注小亮的学业，但很少关注小亮的兴趣和情感需求。

程伟轻声问小亮："你画的是什么？"

小亮抬起头，眼中闪烁着光芒，开始兴奋地讲述他画中的故事。程伟听着听着，渐渐被小亮的想象力和对艺术的热爱所打动。他开始意识到，小亮不是不听话，而是他们之间缺乏真正的沟通和理解。

那一刻，程伟决定改变自己的态度。他开始鼓励小亮发展自己的兴趣，同时也找到了将小亮的兴趣与学习结合的方法。他们一起参加了画画和音乐的课程，小亮的学习态度也有了很大的改善。程伟和小亮之间的关系变得更加融洽，亲子焦虑也随之减少。

这个故事告诉我们，亲子焦虑往往源于缺乏理解和沟通。当家长愿意倾听和理解孩子的内心世界时，他们之间的关系就会得到改善，孩子也会更愿意分享自己的想法和感受。通过共同的努力和理解，亲子之间的焦虑可以被转化为亲密和支持。

面对亲子沟通的挑战，许多家长都会感到焦虑和无助。其实，孩子不听话，可能是因为他们还没有学会如何有效地表达自己的需求，或者是因为他们正在寻找独立性。

脱焦健身房

以下是三种方法，可以帮助改善亲子间的沟通。

1. 倾听和理解

倾听是有效沟通的第一步。当孩子表达自己时，家长应该全神贯注地倾听，而不是急于回应或批评。试着理解孩子的感受和需求，即使他们的表达方式可能不够成熟。这样做可以让孩子感到被重视和理解，从而更愿意分享内心的想法。

2. 设定明确的界限和期望

孩子需要明确的指导和界限来学习什么是适当的行为。家长应该清晰地表达自己的期望，并且一致地执行规则。同时，也要确保规则是合理的，是孩子能够理解的。当孩子遵守规则时，给予积极的反馈和奖励，这会增强他们遵守规则的动力。

3. 以身作则

孩子很容易模仿大人的行为，因此家长应该通过自己的行为来树立榜样，展示如何平静地解决冲突，如何表达情感，以及如何进行有效沟通。当家长展现出这些积极的行为时，孩子也会学习并模仿这些行为。

通过这些方法，家长不仅能够减少亲子焦虑，还能够培养孩子的沟通技巧和自我表达能力。记住，改善亲子沟通是一个渐进的过程，需要耐心和持续的努力。

教育焦虑，不能让孩子输在起跑线上

在当今社会，教育焦虑是一个普遍存在的现象，尤其是在家长中。这种焦虑源于对孩子未来的担忧，以及一种深刻的信念——不能让孩子输在起跑线上。这句话反映了一种普遍的心态，即在孩子的教育和成长过程中，早期的优势被视为成功的关键。

首先，我们需要认识到每个孩子都是独一无二的，他们各有不同的天赋和兴趣。教育不应该是一场竞赛，而是一个帮助孩子发现自我、培养兴趣和能力的过程。孩子的起跑线并不是一个固定的起点，而是一个个性化的发展路径。

教育焦虑可能会导致家长过度干预孩子的学习和生活，这不仅会增加孩子的压力，还可能抑制他们的创造力和独立思考能力。孩子需要的是一个鼓励探索、允许犯错和自由表达的环境，这样他们才能在挑战中成长，学会适应和解决问题。

此外，教育的目的不仅仅是学术成就，还包括情感智力、社会技能和道德观念的培养。这些素质对于孩子成为一个全面发展的人同样重要。因此，家长和教育者应该更加关注孩子的全面发展，而不是仅仅关注分数和排名。

总之，教育焦虑是一个需要关注和解决的问题。我们应该鼓励一个更加宽容和多元的教育观念，让孩子在自己的道路上自由奔跑，而不是被束缚在所谓的起跑线上。通过这样的方式，我们可以帮助孩子建立自信，发展潜能，成为未来社会的有用之才。

在一个小镇上，有一位父亲张先生，他对教育充满了焦虑。他总是担心自己的儿子小强如果不努力学习，就会输在人生的起跑线上。张先生从小强很小的时候就开始花大价钱给他报各种辅导班，希望他能在考试成绩上超越同龄人。

小强是一个聪明而敏感的孩子，他对画画和科学实验有着浓厚的兴趣。但是，由于父亲的压力，他不得不把大部分时间都花在了应付考试和完成作业上。随着时间的推移，小强开始感到疲惫和压抑，甚至是焦虑，他的学习成绩也开始下滑。

一天，小强的老师注意到了他的变化，决定与张先生进行一次深入的交谈。老师向张先生解释了小强在学校的真实情况，并强调了发现和培养孩子兴趣的重要性。老师建议张先生减少对小强的学业压力，给他更多的自由和探索的空间。

经过深思熟虑，张先生意识到自己的教育方式可能并不适合小强。他开始鼓励小强参加画画和科学俱乐部，让他有机会追求自己的兴趣。慢慢地，小强重新找回了学习的乐趣，他的成绩也逐渐提高。更重要的是，他变得更加自信和快乐。

家长的教育焦虑会传递给孩子，从而阻碍孩子的成长。这个故事告诉我们，教育不应该只是一场竞赛，而应该是一个引导孩子发现自我、追求梦想的过程。家长的支持和理解，可以帮助孩子在人生的起跑线上找到属于自己的道路。

脱焦健身房

那么，该如何应对教育焦虑呢？

1. 建立合理的学习期望

家长应该避免给孩子设定过高的学习目标，这可能会导致不必要的压力和焦虑。相反，应该根据孩子的兴趣和能力来设定目标，同时接受孩子的不足，并鼓励他们从失败中学习和进步。家长需要倾听孩子的心声，了解他们的困扰和需求，给予及时的关心和支持。尊重孩子的意见和选择，让他们感受到自己的价值，这有助于孩子建立自信。

2. 注重孩子的全面发展

教育不仅仅是学习书本知识，还包括兴趣、特长和综合素质的培养。家长应鼓励孩子参与各种活动，如体育、艺术和社会服务等，这些活动可以帮助孩子拓宽视野，增强社交能力和自我表达能力。此外，家长应创造一个良好的学习环境，帮助孩子培养良好的学习习惯和时间管理能力，这些都是缓解教育焦虑的有效方式。

3. 加强家校沟通与合作

家庭教育和学校教育应该是相互补充的。家长和教师之间的有效沟通可以帮助双方更好地理解孩子的需求和挑战，共同制订教育计划。家长可以参与学校活动，如家长会和教育讲座，以了解教育政策和教学方法。

总之，缓解教育焦虑需要家长、学校、政府相关部门和社会的协同努力。通过建立合理的学习期望、关注孩子的全面发展、加强沟通和合作，我们可以为孩子创造一个更加健康、和谐的成长环境。

分离焦虑，
我不在身边孩子就无法生活

在孩子成长的每一个阶段，家长都会面临一个共同的挑战：分离焦虑。这种焦虑不仅仅是孩子对分离的恐惧，同样也是家长心中无法避免的忧虑。当孩子不在身边时，家长的心里总是充满了各种担心：孩子是否安全？他们是否快乐？他们是否能够适应新环境？

分离焦虑是一种深刻的情感体验，它反映了家长与孩子之间深厚的依恋关系。从孩子第一次踏入幼儿园的大门，到他们独自背起书包走进学校，再到离开家去上大学，甚至结婚，每一次的分离都可能触发家长的焦虑情绪。这种情绪可能表现为过度担心、失眠、注意力不集中，甚至在孩子离开的那一刻，家长也许会有一种失落感和空虚感。

在孩子的成长过程中，分离是不可避免的。他们需要学会独立，需要探索自己的世界。而家长们也需要学会放手，尽管这往往是一件充满挑战的事情。家长的焦虑并不是没有道理的，它源于对孩子深深的爱和对未知的恐惧。但是，这种焦虑也可能成为孩子成长路上的一种束缚。

家长的分离焦虑不仅影响自己的情绪状态，也可能影响到孩子。孩子能够感受到家长的情绪，当家长表现出过度的担忧时，孩子可能会变得更加焦虑。因此，家长应学习如何应对分离焦虑，管理好情绪，以免将自己的焦虑传递给孩子。

总的来说，分离焦虑是一个复杂的情感体验，它涉及家长和孩子的情感健康和关系发展。通过理解和接受这种情感体验，家长和孩子可以更好地应对分离，找到保持联系和支持彼此的方法，即使他们身处不同的地方。分离焦虑是家庭生活中的一个自然部分，是家长和孩子共同经历的成长过程的一部分，它提醒我们珍惜彼此的时光，同时也为个人的独立和自我发展铺平道路。

　　李女士的儿子飞飞即将去外地参加夏令营。这是飞飞第一次离家这么远，也是第一次独自面对如此长时间的分离。虽然知道这是一个锻炼孩子独立性的好机会，但李女士的内心充满了担忧。她担心飞飞是否能够照顾好自己，是否会感到孤独，是否能够适应新环境。

　　随着出发的日子一天天临近，李女士的焦虑感越来越强烈。她开始频繁地检查飞飞的行李，反复叮嘱他一些注意事项，甚至在夜里梦到飞飞遇到各种问题。飞飞虽然也有些紧张，但他更多的是对即将到来的新体验感到兴奋。

　　最终，分离的那一天到了。李女士把飞飞送到了集合地点，看着他和其他孩子一起登上大巴，心中五味杂陈。她努力控制自己的情绪，微笑着挥手告别。飞飞坐在车窗旁，向妈妈挥手，脸上带着期待和一丝不安。

　　在飞飞离开的那一周时间里，李女士的心情起伏不定。她尽量让自己忙碌起来，避免因过多的思考陷入深深的焦虑中。她用做饭、打扫房间、逛街等事情来分散注意力。同时，她也在社交媒体上关注夏令营的更新，看到飞飞参与活动的照片，她的心情才逐渐放松。

　　当飞飞回家的时候，他满载着新鲜的经历和自豪感。他讲述了他如何学会了新技能，结交了新朋友，还有他如何克服了初到陌生环境的不安。看着飞飞成长和自信的眼神，李女士意识到，分离虽然艰难，但它带来的成长和独立是无价的。

这个故事告诉我们，分离焦虑是正常的情绪反应，但通过积极的应对策略和对孩子的信任，家长和孩子都可以从中学习和成长。分离不仅是一个挑战，也是一个机会，让孩子展示他们的能力，让家长发现孩子新的兴趣和强项。分离焦虑可以被理解，被管理，最终被克服。

脱焦健身房

以下是三种帮助家长处理分离焦虑的方法。

1. 建立信任和沟通

建立与孩子的信任关系至关重要。确保他们知道即使不在一起，你们的联系依然牢固。利用现代通信技术，如视频通话，保持日常沟通。分享日常经历和感受，让孩子感受到家的温暖。同时，也要鼓励孩子表达他们的感受和经历，这样可以增强彼此的信任和理解。

2. 为孩子的安全制订计划

为孩子制订一个详细的安全计划，包括紧急联系人、日常行程和安全指南。确保孩子知道在不同情况下该如何应对，这样可以减少家长的担忧。同时，也要确保孩子了解他们的行为对家长的影响，这样他们可以更加负责任地行动。

3. 自我照顾

家长也需要照顾好自己的情绪和身体健康。尝试参与放松活动，如瑜伽、冥想或阅读，以减轻焦虑。建立一个支持系统，包括亲友和其他家长，与他们分享你的感受和经验。这样不仅可以得到情感支持，也可以学习到他人的应对策略。

通过这些方法，家长可以更好地管理自己的分离焦虑，同时也为孩子营造一个更加安全和支持性的环境。记住，分离是成长的一部分，而如何处理这种分离，则是我们作为家长的重要课题。

规划焦虑，
为孩子未知的未来心神不安

在孩子成长的道路上，家长们常常会感受到一种名为"规划焦虑"的情绪。这种焦虑源于对孩子未来的无限关心和期望，以及对未知的恐惧。

焦虑的家长们在孩子的教育、职业选择、社交能力等方面投入了大量的心血，希望孩子能够拥有一个光明的未来。然而，这种焦虑往往会变成一种沉重的负担，不仅影响家长自己的心理健康，也可能对孩子产生不利的影响。孩子可能会感受到家长的压力和期望，从而产生过度的紧张和焦虑。这种情绪的传递可能会阻碍孩子探索自己的兴趣和潜能，限制他们的个性发展。

家长们需要意识到，尽管规划孩子的未来是出于爱和关心，但过度的焦虑并不会带来任何积极的结果。相反，它可能会导致家庭关系的紧张，成为孩子个人成长的障碍。因此，家长们应该学会放手，信任孩子的判断和选择，给予他们成长和犯错的空间。这样，孩子才能够在探索自我和世界的过程中，逐渐成为独立和自信的个体。

在这个充满变数的世界里，没有人能够预测未来。家长们最好的策略是培养孩子的适应能力和解决问题的能力，而不是试图控制每一个未来的细节。通过这种方式，孩子将能够更好地应对生活中的挑战，无论未来如何变化。最终，家长的支持和信任将是孩子走向成功的坚实基石。

王珂是一个强势的父亲，他对于儿子小天的未来充满了规划焦虑。小天是一个聪明而又好奇心强的孩子，总是对周围的世界充满了探索的欲望。然而，王珂总是担心小天的选择不够好，不会为他带来最好的未来。

王珂为小天制订了详尽的学习计划，从数学辅导到英语演讲，他希望小天能够在学术领域有所成就。每当小天提出想要尝试新事物，比如画画或者学习舞蹈时，王珂总是会说："这些不重要，不会对你的未来有帮助。"

随着时间的推移，小天开始感受到了压力。他的成绩虽然优异，但他却失去了学习的乐趣。他开始怀疑自己的兴趣和梦想，变得不再那么活泼开朗。王珂注意到了这一变化，但他仍然坚持自己的规划，认为这是为了小天好。

直到有一天，小天的老师找到王珂，和他谈了谈小天的情况。老师说："小天是一个非常有潜力的孩子，但他需要的不仅仅是成绩上的成功。他需要的是发现自己的热情和兴趣，这样他才能真正快乐并且在未来找到自己的方向。"

这番话触动了王珂，他开始反思自己的做法。他意识到，虽然他的初衷是好的，但过度的规划却限制了小天的个性发展。于是，王珂决定放手，让小天去探索自己的兴趣。他开始支持小天学画画和舞蹈，发现小天在这些领域展现出了惊人的天赋。

最终，小天不仅在学习上取得了优异的成绩，还在艺术上获得了认可。小天变得更加自信和快乐，而王珂也学会了享受和儿子一起成长的过程。

以上故事告诉我们，信任和支持孩子的选择，是帮助他们构建未来的最好方式。规划焦虑是家长在育儿过程中可能会遇到的一个挑战。通过认识到每个孩子的独特性，以及接受未来的不确定性，家长可以更好地支持孩子的成长，帮助他们建立起面对未来的信心和能力。这样，家长和孩子都可以更加健康、快乐地成长。

脱焦健身房

采取以下三种方法，家长不仅可以帮助孩子更好地规划未来，也可以减轻自己的焦虑感。

1. 建立长期目标与短期目标

家长们可以与孩子一起制定一个长期目标，比如孩子希望成为什么样的人，以及他们的职业理想。然后，可以将这个长期目标分解为一系列短期目标，比如学习成绩的提高、兴趣爱好的培养等。这样做可以帮助孩子和家长集中精力在可实现的小步骤上，而不是被遥远的未来所困扰。

2. 强化正面沟通

家长应该鼓励孩子表达自己的想法和感受，并且认真倾听。通过正面的沟通，家长可以了解孩子的兴趣和担忧，从而提供更有针对性的支持。同时，这也能增强孩子的自信心和自我价值感，让他们更加积极地面对未来的挑战。

3. 探索多元化的发展路径

不是所有孩子都适合走传统的学术道路。家长可以帮助孩子探索多种可能的发展路径，比如职业技能培训、艺术创作、体育活动等。这样不仅可以减少对于学术成就的过度焦虑，还可以帮助孩子发现自己的潜力和兴趣，为未来的多样化选择打下基础。

重要的是，家长需要保持开放的心态，支持孩子探索自己的道路，而不是把自己的期望强加在孩子身上。这样，孩子才能在未来的道路上，走得更加坚定和自信。

科学脱焦，
摆脱**焦虑**的自我疗愈法

化解焦虑，需要"装"出一个好心情

在现代社会中，焦虑已经成为一种常见的情绪体验，它无视年龄、性别和职业的界限，影响着许多人的日常生活。焦虑感可能源于工作压力、人际关系、未来的不确定性，甚至是日常琐事的累积。那么我们该如何来化解焦虑呢？有一种观点认为，通过"装"出一个好心情，人们可以在一定程度上缓解这种心理压力。

这种方法的核心在于"正念"的实践，即有意识地将注意力集中在当下，接受而不是抵抗那些不愉快的情绪。通过这种方式，人们可以在自己的内心世界中退一步，以更客观的视角观察自己的情绪和思想。这不是一种逃避现实的策略，而是一种深刻的自我认知过程。

在这个过程中，"装"出一个好心情并不意味着否认自己的真实感受，而是一种尝试，尝试给予自己积极情绪。这种做法可能会激发人们内在的积极性，从而产生一系列积极的连锁反应。例如，一个微笑可能会带来另一个微笑，一个积极的肢体语言可能会增强自信心，一个乐观的态度可能会打开与他人交流的大门。

当然，这并不是说人们应该忽视或压抑自己的负面情绪。相反，这是一种认识到即使在困难时期，也有能力选择如何对待自己的情绪的能力。这种能力并不总是容易实现，它需要时间和练习来培养。但是，就像任何技能一样，通过持续的努力和练习，人们可以学会更好地管理自己的情绪状态。

总的来说，"装"出一个好心情是一种心理策略，它可以帮助人们在面对焦虑时保持一定程度的心理平衡。它鼓励人们积极面对内心的挑战，而不是被动地接受。通过这种方式，人们可以发现，即使是在最黑暗的时刻，也总有一线光明值得追寻。

丹丹今年刚 25 岁，但是在她身上看不出属于年轻人的青春活力，因为她整天眉头紧锁，声音低沉，总是一副萎靡不振的样子。这天，丹丹和一位在公司大厦做保安的师傅一起乘坐电梯，师傅看了丹丹几眼说："闺女啊，你怎么总是愁眉苦脸的，是有什么不顺心的事吗？"丹丹敷衍地说："啊，叔叔，我没什么，心情不好而已。"

师傅哈哈大笑起来，说："我以为是什么大问题，我来教你一个办法，保证你以后心情很好。以后不管你遇到什么难事，你都告诉自己，我很开心，哪怕是不开心，你也要装作开心，然后没一会儿，你的心情就会在自己的主动带动下变得开心起来。"丹丹将信将疑地看着师傅。

丹丹下班回家，想要好好休息一下，却发现表弟把她的房间弄得乱七八糟，甚至弄洒了她最喜欢的香水。她刚要发火，突然想起电梯里师傅教她的办法，于是她默默地对自己说："没什么，我要保持好情绪，我很开心，眼前的这一切都是小事而已！"刚开始的时候丹丹觉得很奇怪，甚至感觉自己就像个神经病。但是这么一说完，自己似乎也真没那么生气了，反而觉得舒服了点儿。从那以后，只要有什么不开心的事，她就会让自己假装很开心。后来她终于明白了，一个人的好心情取决于最初的情绪选择，所以哪怕心情不好的时候假装一下好心情，也会弄假成真，与好心情结缘。

丹丹之所以能够摆脱萎靡不振的生活，并拥有好心情，最关键的一点就是她学会了"装"出好心情。无论是在工作中，还是在生活中，假如我们能够学会"装"出好心情，说不定就可以真的拥有好心情。

心情不佳时，要学会控制坏情绪，"装"出自己的好心情。"装"出一个好心情，也许真能让自己保持快乐、积极的情绪，就能让自己的心情真正好起来。

脱焦健身房

具体我们应该如何做呢？

1. 微笑的力量

微笑，即使是强迫的，也能在我们的大脑中激发积极的化学反应。当我们微笑时，大脑会释放出内啡肽等化学物质，这些物质能够提升我们的情绪。此外，微笑还能传递给他人积极的信号，有助于改善我们的社交互动，从而减少孤立感和焦虑。

2. 积极的自我对话

通过积极的自我对话来"装"出好心情，可以帮助我们重塑思维模式。对自己讲一些鼓励的话，如"我可以处理这个情况"，或者"一切都会好起来的"，可以增强我们的自信心和应对能力，从而减轻焦虑感。

3. 角色扮演

将自己想象成一个自信且能够轻松应对压力的人，可以帮助我们在面对焦虑时采取更加积极的态度。通过角色扮演，我们不仅可以"装"出好心情，还能在这个过程中学习到如何更好地管理自己的情绪。

情绪如衣柜，需要定期做整理

很多女性朋友都认为，自己的衣柜里永远都缺少一件衣服。正因为如此，女人的衣柜总是因为不停地买、买、买而被塞得满满当当的，而有些女人并不喜欢收拾衣柜，每次打开衣柜的时候都看到里面乱糟糟的，想穿的衣服根本找不到，在这种情况下，心情自然也变得很糟糕。这就决定了女人要定期整理衣柜，扔掉那些不再穿的衣服，把衣柜整理得井井有条，一眼看去就能找到需要的衣服，这样的感觉当然非常美妙。

其实，不仅衣柜需要整理，女人的情绪也是需要整理的。女人是情绪化的动物，更容易因为各种各样的原因受到情绪的影响，导致自身焦虑不安，甚至歇斯底里。面对一团乱麻的情绪，如果不会整理，女人必然感到烦躁，甚至严重影响自身的生活和工作。唯有理性的女人，才知道要定期整理情绪，也会在自身情绪大爆发的时候，如同整理衣柜一样积极地整理情绪，把那些不值得焦虑的事情彻底抛诸脑后，而把自己可以面对的事情果断地处理好，把最急需解决的问题排在前面，把不着急解决的问题留到最后。这样一来，情绪当然会变得秩序井然，不再成为生活的沉重负累和心理上的重重障碍。

也许有些朋友会问，难道只有女人需要整理情绪，男人就不需要吗？男人当然也需要整理情绪。不过，大多数男人的情绪天生不像女人那么千头万绪，男人的情绪问题显得更有条理一些，也没有那么糟糕。心理学家曾经指出，女人有生理周期，男人其实是有心理周期的。男人每隔一段时间就会需要沉默一段时间，在这段时间里，男人不希望被打扰，愿意一个人独处，一个人静静地待着。这实际上就是男人正在经历情绪周期的表现，这种情况下，女人千万不要随意打扰男人，要给予男人时间整理好自己的情绪衣柜，让一切变得更加有条理，也更容易面对。

近来，艾琳的生活简直一团糟。原本，艾琳是个追求精致小资生活的女人，恨不得把一切都打理得井井有条、从容优雅。她甚至不允许自己的生活有一点点瑕疵，更不愿意自己的生活毫无情趣。然而，最近她家里和工作中都遇到很多事情，使她分身乏术，根本无暇顾及自己，更没有闲情逸致讲究情趣了。这样的生活使艾琳觉得糟糕透顶，她甚至要崩溃了。

原来，艾琳突然接到单位的一个项目，由她作为主要的负责人。完成这个项目之后，她也许就能升职加薪，在职业发展上更上一层楼。恰逢此时，艾琳的妈妈不小心摔断了腿，要打上石膏在床上躺好几个月，而她爸爸突发心梗，需要做手术放好几个支架，才能度过危险。面对这样的现状，艾琳简直分身乏术，一直抱怨当年爸爸妈妈为何不给她多生几个兄弟姐妹，否则这种情况下兄弟姐妹轮番上阵，也不至于让艾琳这么为难了。艾琳原本想放弃工作上的机会，但是又担心以后会晋升无望，因而只好给妈妈雇了保姆，给爸爸在医院雇了护工，自己则每天下班之后先奔到家里看看妈妈，再去医院照看爸爸，还要回到自己家里照顾孩子的生活。几天下来，艾琳快要崩溃了，觉得自己根本不可能这样熬过漫长的几个月。思来想去，艾琳求助于公司里的心理医生，诉说了自己的苦恼。在心理医生的建议下，她列了一张单子，上面写着自己认为人生中最重要的东西，然后一样一样地划掉，从而让自己意识到哪些是不可舍弃的。艾琳的单子上最终剩下的三样，就是亲情、爱情和工作。

到了这三样，艾琳无论如何也不想再放弃。在医生的帮助下，她调整了情绪，冷静地分析了自己目前的境况，设想了各种可能的解决方案。后来，她想出了一个好主意。她把远在老家的小姨接过来了。小姨已经退休了，可以帮助艾琳照顾妈妈。而小姨原本是在家里帮儿媳妇带孩子的，艾琳也愿意每个月付一些钱给小姨家的儿子贴补家用，这样小姨的儿媳妇完全没有意见，还很高兴呢！

多了个帮手，艾琳就轻松多了，虽然她每个月的收入都给了保姆、护工和小姨的儿子，但是她知道一切都是暂时的，早晚她能够熬过最艰难的这几个月。没过几天，艾琳的爸爸出院了，小姨一个人给姐姐、姐夫买菜做饭，倒也过得有趣。艾琳老公为了支持她也承担了更多照顾孩子的任务。在老公的支持下，艾琳顺利完成项目，获得升职加薪，职业生涯更上一层楼。

面对如同一团乱麻的生活，如果艾琳没有调整好情绪，任由情绪继续堆积，一定会更加糟糕。幸好她及时求助心理医生，获得了最好的解决方案，就算花掉所有的薪水，也要照顾好老人的生活起居，同时兼顾自己的工作，最终圆满度过了这段艰难的人生岁月。

要想让情绪的衣柜始终保持整洁和清爽，就要学会及时整理情绪的衣柜，绝不让情绪问题肆意堆积。记住，你的幸福快乐只来源于你的内心，而不取决于客观外界。

脱焦健身房

给不会整理焦虑情绪的人一些建议:

1. 认知行为疗法

这是一种心理治疗方法,通过识别和改变消极的思维模式和行为来管理焦虑。首先,可以通过日记记录来识别引起焦虑的具体情境和思维。然后,尝试挑战这些消极思维,用更实际和积极的方式来看待问题。例如,如果你担心未来的某个事件,可以问自己:"我有哪些证据表明事情会变糟?"或者"我以前是如何成功处理类似情况的?"通过这种方式,可以逐步减少焦虑感,并增强应对挑战的信心。

2. 放慢速度

焦虑往往伴随着快速的思维和行动。通过有意识地放慢我们的动作,我们也可以放慢我们的思维。例如,可以在散步、洗碗或洗澡时刻意减慢速度。这种方法有助于我们从快节奏的生活中抽身,给大脑一个缓冲的机会,从而减少焦虑感。

3. 接近大自然

自然界的美丽和宁静有助于缓解焦虑。如果可能的话,去到户外,深呼吸新鲜空气,观察周围的环境,倾听大自然的声音。这种亲近自然的行为可以让我们的心灵得到放松,减少紧张和焦虑的情绪。

以上方法都是通过改变我们的行为和环境来影响我们的心理状态。它们可以帮助我们从日常的快节奏中抽离出来,给自己一个放松和重置心情的机会。当然,每个人的情况都不同,这些方法可能需要根据个人的具体情况进行调整。如果你发现自己的焦虑情绪难以控制,寻求专业的心理咨询也是一个很好的选择。

焦虑情绪需要释放，
找到合适的发泄口

现实生活中，受传统观念的影响，很多人都会轻视心理问题，觉得看心理咨询师是根本没有必要的，也不认为心理问题会影响到生活的方方面面，甚至威胁人们的生命。殊不知，很多让人悲伤的突发事件告诉我们，心理问题已经成为比生理问题更严重的问题，时刻影响人们的生活，让人们远离快乐，被焦虑与烦恼缠绕，而且有的时候还会危及人们的生命。记得前几年，有过刚生完孩子的产妇抱着几个月的孩子跳楼的新闻。今年年初，在石家庄也有个30岁左右的母亲，因为极度抑郁，把3岁的孩子从十几层高的楼上抛下，然后自己也跳了下去。即便是陌生人听到这样的新闻，也总会觉得揪心地疼，有些人指责这个母亲剥夺孩子幼小的生命太残忍，唯有真正当母亲的人才知道，该是有多么绝望，一个母亲才忍心亲手剥夺孩子的生命，眼睁睁地看着最爱的孩子坠落高楼，死在自己的面前。如果家里的人能够早一些发现女人的反常，意识到女人的情绪和心理出现了严重的问题，那么也不至于让事情发展到这种无法挽回的地步。所以说，心理问题无小事，不管是对于自己还是他人，我们除了要关注身体健康外，更要关注心理健康，这样在遇到问题的时候才能及时解决，而不至于让问题堆积起来，变得无法收场。

很多人都知道大禹治水的故事，大禹治水的基本原则就是宜疏不宜堵。人的情绪正如滔滔江水，虽然奔腾不息，但是要正确疏导，引导合理的走向，才能起到最好的治理效果。任何时候，有了不良的情绪都不能淤积于心，而要积极地疏导，通过合适的方式发泄出来。比如，对于心直口快的人，有不高兴的事可以直截了当说出来，通过倾诉的方法，不良情绪就会减弱，不会对我们的身体健康造成恶劣的影响。而对于内向的人，不良情绪的危害性是最强的，因为他们不懂得倾诉，而且喜欢把什么事情都埋在心里，长此以往，内心就逐渐变得焦虑。心理的自净能力是有限的，内向的人要学着疏导情绪，驱散焦虑，可以写日记以诉说心中的苦闷，也可以把事情告诉自己最信任的人，还可以做一些自己喜欢做的事情。

如果把人比喻成苹果，每个人最初都是一个健康红润的苹果，而时间久了，在氧化作用下，苹果难免会出现腐烂的斑点。这时，若不管不顾，这个斑点一定会继续腐烂下去，导致整个苹果全部烂掉。要是能够在斑点刚刚出现的时候就发现，把斑点用刀处理干净，剩下来的好苹果，也许能够放置更长的时间。如今人们治疗癌症就是采取这样的措施，即把癌症的原发位置切除掉，然后以化疗的手段清除残留的癌细胞，这样一来就能有效延长人的生命，甚至彻底治愈癌症。对待焦虑，我们同样要如此。一个郁郁寡欢的人很容易对生活中的一切事情都提不起兴致来，唯有理智面对生活，从容驱散焦虑，才能让我们的人生更加轻松自如，也让我们变得更从容果断。

一天深夜，林华突然打电话给久已不联系的闺密张亚，说："张亚，赶紧起床，簋街吃麻小去。"张亚深知林华不是一个冲动的人，更不是喜欢夜生活的人，因而意识到林华肯定有了什么为难的事情或者心情不好，当即二话不说，叫醒老公就起床去了簋街。到了平日里经常光顾的那家麻小店，张亚一下子就看到了林华。她走过去坐在林华身边，两个人开始大吃大喝起来，而在张亚的安排下，她老公坐在附近的桌子上也点了些简单的食物开始小酌。原来，张亚把老公叫来，就是为了防备她和林华一醉方休没人照顾的。为了让闺密不至于因为男人在场而无法痛快地倾诉，张亚还细心地提前安排老公坐到附近的桌子上，准备随叫随到。

　　果然，酒过三巡，林华舌头都大了，开始和张亚说些"不着调"的话。原来，林华怀孕了，但是她老公在外面有了第三者，而且还和她提出离婚。这给原本爱情至上的林华以沉重的打击，她甚至想到了死，带着腹内尚未成形的胎儿死去，给老公一个血的教训，让他一辈子都活在懊悔和内疚中。听到闺密这么可怕的想法，张亚虽然也有些喝多了，但还是被吓得一身冷汗，酒马上就醒了。她劝说林华："你可别这么做，不然我鄙视你一辈子。这可不是我认识的林华，你的骄傲呢？还记得你结婚之前有多少男同学对你念念不忘吗？他们之中可至今有人没娶媳妇呢！你呀，就好好活着，活得更好，才能让他后悔莫及。至于孩子的去留全在你，不管你做出怎样的决定，我都支持你。你要是生了，我就是孩子的干妈，我老公就是孩子的干爸，你放心，别人有的，咱家孩子保证一样也不缺。你要是不生，我就陪你去医院，咱们把身体养得好好的，再迎接新的人生。"张亚的话让林华突然间痛哭起来，她没有顾忌周围有多少人向她投来异样的眼光，她只想把一切委屈都哭出来。张亚紧紧握着林华的手，直到林华哭够了才让老公把她们送回了家里。第二天，她们睡到天色大亮才醒来，但是心情好了很多，尤其林华，再也不感到迷惘和无措了。

　　毫无疑问，张亚是林华的好闺密，所以林华才会在最难受的时候给张亚打电话。对于林华而言，和闺密一醉方休，痛哭一场，这就是最好的宣泄方式，能够让她倒出心中所有的苦水，然后从容地面对人生。张亚也不负林华所托，把一切都安排得很好，让林华毫无后顾地大醉一场。人人都需要朋友，在心情焦虑的时候，在感觉前路迷茫的时候，能够和朋友好好地喝一场，对于大多数人而言的确是很好的发泄方式。

这个世界上，每个人的脾气秉性都各不相同，每个人缓解焦虑的方式也就各具特色。不管选择怎样的方式发泄情绪，只要是无公害的，只要能够把淤积于心的焦虑发泄出去，我们就可以放心大胆地去做，从而帮助自己获得内心的平静和从容。

脱焦健身房

发泄情绪都有哪些方法呢？

1.运动疗法

运动不仅可以促进身体健康，还能让人体释放内啡肽——一种自然的化学物质，能够愉悦心情和减轻痛感。有氧运动如快走、跑步或游泳，可以加快心跳，帮助身体和心理达到一种放松的状态。此外，瑜伽和太极等运动，也能帮助人们集中注意力，减少杂念，从而减轻焦虑感。

2.艺术疗法

通过绘画、塑造、写作或制作音乐等创造性活动，人们可以表达和处理内心的情感和压力。这种方式可以帮助人们转移对焦虑源的注意力，将情绪转化为有形的艺术作品，从而在创造过程中找到宁静和满足感。

3.ABC合理情绪疗法

该理论认为人们的情绪和行为反应不是直接由外部事件A（Activating events：诱发事件，即个体正在处理的情况或事件）引起的，而是由人们对这些事件的认知、评价和信念B（Beliefs：信念，即个体对事件的认知、看法、解释）所引起，进而导致特定的情绪和行为后果 C（Consequences：情绪行为后果，即个体基于信念对事件做出的情绪和行为反应）。也就是说，我们的情绪反应往往源于我们对事件的评价，而非事件本身。通过改变对事件的看法，我们可以改善情绪。例如，将对未来的担忧转化为对当前能够控制的事情的关注，可以减少对未知的恐惧，并增强处理问题的能力。

反向思考，把痛苦的事情美化一下

在我们的生活中，痛苦和挑战是不可避免的。但有时候，通过反向思考，我们可以给这些经历赋予新的意义，甚至将它们美化。

痛苦，这个字眼通常带给我们负面的联想。然而，如果我们换一个角度来看待它，痛苦也可以成为我们生命中的一种美丽。

在艺术的世界里，痛苦往往被描绘成一种深刻的情感，它能够激发出人类最真挚的创造力。许多伟大的艺术作品，如悲伤的音乐、感人的画作或是深情的诗歌，都是在创作者经历了某种形式的痛苦之后诞生的。这些作品因为包含了创作者的真实情感，所以能够触动人心，成为跨越时间的经典。

在个人成长的过程中，痛苦也是一位严厉但公正的老师。它教会我们耐心和坚韧，让我们学会如何面对生活中的困难。每一次的挫折和失败，都是我们成长的阶梯。当我们回望过去，那些曾经让我们感到痛苦的事情，往往也是塑造我们今天的重要因素。

在人际关系中，共同经历的痛苦可以成为加深彼此关系的纽带。当我们在困难时期相互支持，共同度过低谷，这些经历会成为我们友谊中最宝贵的部分。它们让我们的关系更加坚固，也让我们更加珍惜那些在我们需要时伸出援手的人。

因此，虽然痛苦本身可能是难以忍受的，但它也可以被视为生活的一部分，甚至是美丽的一部分。通过反向思考，我们不仅能够找到痛苦中的价值，还能够将这些经历转化为我们生命中的艺术和力量。

　　石涛自小就对绘画充满热情，但他的生活并不容易。他的家庭贫困，父亲早逝，母亲身体虚弱。他的童年充满了艰辛和挑战，这些经历在他的画布上留下了深刻的痕迹。他的作品中，常常可以看到暗淡的色调和扭曲的形象，这些都是他内心痛苦的直观表达。

　　然而，有一天，石涛遇到了一个小女孩，她对他的画作表现出了极大的兴趣。她问石涛为什么他的画总是那么悲伤。石涛没有直接回答，但这个问题在他心中埋下了种子。

　　随着时间的推移，石涛开始尝试用不同的视角来看待他的过去。他意识到，尽管他的生活充满了痛苦，但这些经历也赋予了他深刻的同情心和对生活的独特理解。他开始在画作中加入一些温暖的色彩，用更加柔和的线条来描绘形象。他的画不再只是表达痛苦，而是开始展现出一种从痛苦中孕育出的美丽和力量。

　　石涛的新作品引起了轰动。人们惊叹于他如何将痛苦转化为美丽，他的画作不再只是悲伤的象征，而是成了希望和坚韧的标志。石涛也因此获得了更多的认可和尊重。他的故事激励了许多人，让他们相信即使在最黑暗的时刻，也能找到光明和美丽。

这个故事展示了通过反向思考，我们可以如何将痛苦的经历转化为美丽的艺术和生命的力量。它鼓励我们重新审视那些看似负面的事情，发现它们潜在的价值和美好。

脱焦健身房

那么，要如何学会反向思考，美化痛苦呢？

1. 寻找痛苦背后的意义

每一次的痛苦都是成长的机会。当面对挑战和困难时，试着去寻找它们背后的意义。例如，失去一份工作可能意味着有机会找到更适合自己的职业道路。通过这种方式，我们不仅能够减轻痛苦，还能从中学习和成长。

2. 创造性地表达痛苦

艺术是表达和转化痛苦的一种强大方式。无论是通过绘画、写作还是制作音乐，创造性地表达痛苦都可以帮助我们理解和接受它。这不仅是一种释放情感的出口，也是一种让痛苦变得有价值和美丽的方法。

3. 分享和同理心

与他人分享我们的痛苦，可以让我们感到不再孤单。在分享的过程中，我们可能会发现他人有着类似的经历和感受。这种共鸣和同理心可以帮助我们建立更深的人际关系，并将痛苦转化为一种连接和理解他人的桥梁。

通过这三种方法，我们可以将痛苦的经历转化为生命中的美好片段。这不仅是一种心理上的调适，也是一种深刻的生活哲学。在痛苦中寻找美，不仅能帮助我们走出阴影，还能让我们的生活更加丰富和多彩。

描述疗法，
用现在的时态描述过去的情境

在这个快节奏的世界中，焦虑已经成为许多人的常客。它悄然无声地侵入我们的日常生活，影响着我们的情绪和行为。描述疗法，作为一种心理治疗手段，通过使用语言的力量来化解内心的紧张和不安，为我们缓解焦虑提供了一种独特的解决途径。

想象一下，一个人坐在舒适的椅子上，闭上眼睛，深呼吸。然后开始用现在时描述一个过去的情境，就好像它正在发生一样。他不是在回忆，而是在重新体验那一刻。这种方法让人们能够以一种更加直接和立体的方式来处理那些令他们感到焦虑的记忆。

我们可以探索一个人如何通过描述一次过去的考试经历来克服考试焦虑。他们会说："我现在坐在考场里，感觉到桌子的硬度，听到周围的笔触声。我看着试卷，心跳加速，但我告诉自己，我准备得很充分。"通过这种方式，他们重新连接了过去的经验，并以一种更加平和的心态和可控的情绪来面对它。

这种技术的美妙之处在于，它不需要任何复杂的方法或工具。它只需要一个人愿意坐下来，花时间去深入地、真实地描述他们的经历。通过这种练习，他们可以学会如何管理和减轻那些因往事而产生的焦虑感。

描述疗法的力量在于它的简单和直接。它不是关于改变过去，而是关于改变我们与过去的关系。它教会我们，即使是最痛苦的记忆，也可以通过我们的叙述而变得不那么可怕。

张卫华是一位 30 岁的软件工程师，他经常感到焦虑和压力重重。他的焦虑源自五年前的一个项目失败，那次失败让他对自己的能力产生了怀疑。每当他需要开始一个新项目或是面对截止日期时，那次失败的记忆就会浮现在他的脑海中，使他感到不安。

　　在与心理治疗师的交流中，张卫华被引导用现在时态重新叙述那次失败的经历。他开始讲述："我坐在我的办公桌前，看着电脑屏幕上的代码。我感到迷茫和沮丧，因为无论我怎么努力，代码就是无法正常工作。我的同事们都在等待我的结果，我感到非常大的压力……"

　　通过这种方式，张卫华能够以一种更为直接和紧迫的方式体验到那些情绪，而不是把它们当作遥远的过去。治疗师帮助他认识到，尽管那次失败是痛苦的，但它也是成长和学习的机会。张卫华逐渐学会了接受失败，并将其视为一个可以从中吸取教训的经历。

　　随着时间的推移，张卫华通过描述性疗法，学会了如何从不同的角度看待那次失败，他不再将其视为个人能力的缺陷，而是作为职业生涯中的一个挑战。这种认知的转变帮助他缓解了焦虑，提高了面对新项目的信心。

　　描述疗法不仅帮助张卫华处理了过去的创伤，也为他提供了一种应对未来挑战的新工具。通过这种方式，他能够更加积极地面对工作和生活中的压力，享受到更多的心理健康和幸福感。

　　这个案例展示了描述疗法在化解焦虑中的潜力，以及它如何帮助个体重建自我认知和提升生活质量。通过将注意力集中在现在时态的描述上，张卫华能够从一个新的角度理解和处理自己的情绪。这种方法没有提供具体的治疗步骤，而是通过故事讲述来展示情绪转变的过程。

脱焦健身房

以下是三种使用描述疗法的方法，每种方法都是用现在时态描述过去的情境。

1. 重塑经历

我现在坐在这里，回想起那个让我焦虑的下午。我感到心跳加速，但我深呼吸，告诉自己一切都在掌控之中。我观察周围的环境，注意到每一个细节：温暖的阳光、柔软的椅子、安静的空气。我用这些细节来填充我的记忆，让它们变得更加鲜活，也更加平和。

2. 转换视角

我站在这里，以一个旁观者的身份重新审视那天的我。我看到自己努力工作，尽管压力很大，但我也看到了自己的坚持和努力。我用现在时态描述那个场景，感受到了当时的紧张气氛，但同时也感受到了自己的成长和进步。

3. 情感释放

我在这里，感受着过去的情绪。我允许自己体验那时的恐惧和不安，但我不再逃避。我用言语表达出来，就像它们现在正在发生。我描述我的感受，我的反应，以及我如何勇敢地面对它们。这个过程帮助我理解和接受这些情绪，从而减轻了它们对我的影响。

通过这三种方法，我们可以使用描述疗法来处理过去的焦虑情境。通过现在时态的描述，我们不仅能够重新体验和理解这些情境，还能够找到新的方式来处理和释放我们的情绪。这是一个强大的自我治疗过程，可以帮助我们在心理上变得更加坚强和健康。

情绪压抑时，哭泣最能缓解压力

在现代社会的快节奏生活中，人们经常面临着各种压力和挑战。工作、人际关系、财务状况等都可能成为压力的来源。当这些压力积累到一定程度时，情绪压抑便成了一个普遍的问题。在这种情况下，哭泣有时会被视为一种释放情绪和缓解压力的自然反应。

情绪压抑是指个体在面对负面情绪时，由于各种原因无法有效表达或处理这些情绪，从而导致情绪在内心的积压。长期的情绪压抑可能会导致心理健康问题，如焦虑症、抑郁症等。哭泣则是一种生理和心理上的释放机制，它允许个体通过泪水将内心的痛苦、压抑和不满表达出来。

科学研究表明，哭泣对于缓解情绪压力是有益的。一个人情绪压抑时，身体会产生某些对人体有害的生物活性物质。哭泣时，这些有害的物质便会随着泪液排出体外，从而有效地缓解紧张情绪。此外，哭泣还能刺激大脑释放内啡肽，这是一种天然的止痛剂，有助于减轻身体和心理的疼痛。

在心理层面，哭泣可以帮助个体舒缓压力、减轻负面情绪，并为我们带来内心的平静与宁静。哭泣是一种身心放松的方式。当我们感到压抑、沮丧或愤怒时，我们的身体会产生一种紧张的状态。这种紧张会引发肌肉的紧绷、呼吸的不畅以及心跳的加速。而通过哭泣，我们可以放松身体，缓解这些紧张的感觉。

不同的社会和文化对哭泣有着不同的看法。在某些文化中，哭泣被视为软弱的表现，尤其是在男性中。然而，越来越多的心理健康专家认为，哭泣是一种健康的情绪表达方式，它有助于个体处理复杂的情感并维持心理健康。

　　杨建是一个程序员，每天要面对紧张的工作节奏和不断的项目截止期限，长时间的工作压力使他感到情绪压抑。杨建是一个内向的人，不善于表达自己的情感，这使得他的压力无处释放，渐渐地积累成了沉重的负担。

　　一天晚上，加班到深夜的杨建独自一人走在回家的路上。街道空无一人，只有路灯发出的微弱光芒陪伴着他。突然，他感到一阵难以抑制的情绪涌上心头，泪水开始模糊了他的视线。他停下脚步，靠在冷冰冰的墙壁上，任由泪水流淌。哭泣让他感到一种释放，好像所有的压力和不安都随着泪水流走了。

　　就在那一刻，杨建意识到，哭泣并不是软弱的表现，而是一种情感的自然宣泄。他开始接受自己的脆弱，并学会在压力之下找到释放的方式。从那以后，每当感到压抑时，他不再抑制自己的情绪，而是找一个安静的角落，让自己哭泣，哭泣后他总能以更清晰的头脑和更平静的心态面对生活的挑战。

　　杨建的故事告诉我们，哭泣是一种自我疗愈的方式，它能帮助我们缓解情绪压抑，恢复内心的平衡。在面对生活中的压力时，我们不必害怕流露出自己的脆弱，因为每个人都有权利以自己的方式感受和表达情感。

脱焦健身房

以下是关于哭泣解压的几个要点：

1. 认识哭泣的积极作用

哭泣不仅是一种情感释放的方式，还能帮助我们从生理上缓解压力。当我们哭泣时，身体会释放出内啡肽，这是一种自然的止痛剂，能够减轻情绪上的痛苦。同时，流泪可以帮助我们排除体内的毒素，从而减轻压力。因此，当感到情绪压抑时，不妨找一个安静的地方，让自己哭一场，这是一种健康的情绪调节方法。

2. 创建安全的哭泣环境

选择一个舒适和私密的环境哭一场是很重要的。可以是你的卧室、浴室或任何一个你觉得安全的地方。在这样的环境中，你可以不受外界干扰地释放你的情绪。此外，你也可以通过听一些悲伤的音乐或观看感人的电影来引导自己的情绪，让泪水自然流出。记住，哭泣是一种自我疗愈的过程，不要为此感到羞愧。

3. 哭泣后的自我照顾

哭泣之后，重要的是要进行适当的自我照顾。你可以通过深呼吸、喝一杯温水或进行一些轻度的运动来帮助身体恢复平静。此外，写日记或与信任的朋友分享你的感受也是很好的方式。这些活动不仅能帮助你理解和接受自己的情绪，还能增强你的心理韧性，帮助你更好地应对未来可能遇到的压力。

以上几点可以帮助你更好地理解哭泣在情绪压抑时的作用，并提供了一些实用的建议来应对这种情况。记住，哭泣是一种自然的情绪表达方式，它有助于我们的心理健康和情绪平衡。

不要忘记家人，那是你最坚强的后盾

屠呦呦在获得诺贝尔奖时说："深深感谢家人一直以来的理解和支持。"李安在捧起奥斯卡小金人时说："感谢我的妻子，今年夏天是我们结婚三十年纪念，我爱你。感谢我的儿子们，谢谢你们对我的支持。"姚明在发表退役声明时说："我首先感谢的是我的家人，父亲、母亲是我人生的启蒙者，叶莉是我最好的倾听者，而可爱的姚沁蕾则是我们新的希望。"

无论我们正处于人生的巅峰还是低谷，无论我们正聚焦在闪光灯下还是转身默默地离开，人生的每一个瞬间都少不了家人的陪伴、支持和理解。

家人是我们一生的至亲至爱，他们是在任何情况下都愿意为我们付出一切的人，他们在我们生命中永远扮演着不可替代的重要角色。有家人在的地方就是我们可以避风的港湾。我们可以从家那里收获到至纯至真的幸福和无穷无尽的力量。即使我们遭遇人生的瓶颈，即使我们误入歧途，做了错事，家人都是帮助我们走出困境最有力的支撑。

当你在为人生的目标而打拼时，不要感到孤独或焦虑，家人是你最坚强的后盾。即使他们没有足够的财富帮助你力挽狂澜，即使他们没有足够的智慧为你提供锦囊妙计，他们有的可能只是一句关心的问候，一个温暖的拥抱，一顿丰盛可口的晚餐，或是一阵让你不耐烦的唠叨。这些看上去微不足道，却恰恰是你人生中最珍贵的财富。

洛妮出生在澳大利亚，从小就非常喜欢动物。袋鼠和考拉都是她最好的朋友。她的梦想就是成立一个公益组织，保护非洲濒临灭绝的野生动物。起初，父母并不支持她的想法——一个女孩子放弃优越舒适的生活，选择去非洲草原那样恶劣的环境里工作，父母怎么能放心呢？但是，在她一再坚持下，父母最终还是答应了，叮嘱她说："既然你下了决心，我们一定会支持你，不过今后的路一定会充满坎坷，你要有思想准备。"

　　接下来的日子里，洛妮在这条路上走得非常艰辛。幸好有父母的关怀和支持，才让她熬了过来。有一次，她在非洲感染重疾。父母亲自赶到宿营地去照顾她，她才得以脱离危险，身体也一天天好转起来。

　　洛妮虽然成了一名义工，但距离她的梦想还有着很长距离。后来，她回国组建了自己的家庭，在现实面前的无力感使她情绪低落。她每天都无所事事，只是做一些家务聊以度日。

　　有一天，丈夫对她说："我知道你一直都有着自己的梦想，你的内心也始终向往着非洲草原。所以，请不要把时间都浪费在那些毫无意义的事情上。你应该花些时间去拜访一些企业，争取获得他们的资助。"

　　在丈夫的鼓励下，她重新振作起来，并自己花钱出版了一本图书。书中的内容包括她在非洲时候的日记和拍摄的许多照片，以及她对动物保护的看法和规划。

　　她拿着自己写的书，拜访了当地很多知名企业。经过三年努力，她最终得到一些爱心企业的资助，成立了一个由几百人组成的国际野生动物救助组织。

　　梦想成真后的洛妮感慨地说，是家人的支持为她铺就了成功的道路，如果没有家人的支持，她是不会走到今天的。

当来自家人的爱默默地围绕在我们身边时，请不要让它错过。我们要用一生的时间去珍视它、呵护它。我们要把同样的爱赠予他们，要把人生中每一点的收获作为对他们最好的报答。

爱尔兰剧作家萧伯纳说："家是世界上唯一隐藏人类缺点与失败的地方，它同时隐藏着甜蜜的爱。"我们人生中大多数时间是和家人一起度过的。他们的谅解与宽容，让我们感到了来自家的温暖；他们的关爱与帮助，让我们有了面对困难时的勇气和力量。我们不会独行，因为身后永远会有家人的如影相伴。

家人的支持在我们面对生活中的挑战，尤其是焦虑时，确实是一种强大的力量。

脱焦健身房

感到焦虑时，请大胆寻求家人的帮助吧。

1. 情感支持

家人能够提供一个安全的环境，让我们在感到焦虑或压力时能够表达自己的感受。他们的理解和安慰可以帮助我们缓解内心的紧张，让我们感到不是孤单一人在面对问题。家人的一个拥抱、倾听或一句鼓励的话语，有时比任何言语都更有力量。

2. 实际帮助

在实际生活中，家人可以提供具体的帮助，比如分担日常任务或提供资源上的支持。这种帮助可以减轻我们的负担，让我们有更多的时间和精力去处理引起焦虑的根本问题。例如，如果工作压力导致焦虑，家人可以帮助处理家务，让我们有更多的时间来放松和充电。

3.指导和建议

　　家人往往了解我们的个性和经历，他们可以提供有见地的建议和指导，帮助我们找到解决问题的方法。他们的经验和智慧可以帮助我们从不同的角度看待问题，找到应对焦虑的新策略。同时，他们也可以鼓励和陪伴我们寻求专业帮助，如果需要的话。

　　家人的支持是多方面的，他们不仅仅是我们情感上的依靠，也是实际生活中的合作伙伴。他们的存在本身就是一种力量，让我们在面对生活的风风雨雨时，有更多的勇气和信心。当然，每个家庭的情况都不同，家人的支持方式也会有所不同，但他们的重要性是不言而喻的。

寻求专业人士，不要害怕心理咨询师

一直以来，人们习惯了看身体上的病，却忽略了心理上的病，总觉得心情不好就忍一忍，很快就会过去了。随着时代的发展和社会的进步，人们在物质生活极大丰富的同时，也必然面临更多的心理问题，甚至会因为心理问题陷入困境。在很多西方国家里，心理医生是非常受人尊重的职业，大家都意识到心理比生理更容易出现问题，心理问题有时比生理问题更严重。有些家庭不但有自己的家庭医生，还有专门的心理医生。尤其是对于承受巨大生活压力和工作强度大的人而言，他们更是会定期去和心理医生聊一聊，从而疏导自己焦虑的情绪。

在我国，人们显然还没有习惯看心理医生，不是有严重的心理问题，人们也很少有意识去向心理医生求助。可近年来自杀率节节攀升，各种社会地位的人都有可能因为心理问题导致轻生，甚至包括学生在内，这才使人们更加关注心理问题和精神疾病。实际上，心理咨询师应该是我们生活中不可或缺的人物，他们就像医生给我们医治身体上的疾病一样，尽心尽力为我们医治精神上的疾病，从而使我们的精神更加健康，也让我们的情绪找到合理的宣泄渠道，保持心情舒畅。

近来，瑞特被任命为中国区的总裁，派驻中国工作。初来乍到，瑞特在工作上急于打开局面，因为中国的情况和美国有很大不同，所以他需要做的工作多而烦琐，很劳累。接连几个月没有休息，瑞特虽然在工作上取得了很大的进展，也对中国有了更多的了解，但是他的情绪变得很不稳定，经常焦虑不安、歇斯底里。有的时候，哪怕下属们工作努力，瑞特也会挑剔苛责，时不时地就会批评下属。一旦工作上取得了小小的成就，他又欢呼雀跃。瑞特变得和孩子一样敏感而又脆弱，看起来根本不像一个总裁，就像是初入职场、毫无工作经验的新人一样。渐渐地，下属们看到喜怒无常、丝毫不懂得控制自身情绪的瑞特，全都避之不及，这导致瑞特在工作上又面临很大的障碍。

时间久了，瑞特的工作方式招致下属们的不满，有些下属甚至写信给总部，投诉瑞特的工作方式让人难以接受。总部马上把这些信转给瑞特，让瑞特尽快调整工作模式，否则就会面临工作上的再次调整。其实，此时瑞特也意识到自己的反复无常，已经开始看心理医生了。当然，因为中国的心理医生并不十分了解美国人的性格特点等情况，瑞特觉得改变太慢，因而不惜远渡重洋，回到美国去找自己曾经定期咨询的心理医生。同事们对此都觉得可笑，毕竟大家都不认为心理问题是多么严重的问题，至于情绪问题，更是觉得只要有意识地控制就好，所以他们不理解为何瑞特要千里迢迢回国去看医生！后来，瑞特在美国待了一个星期才调整好自己回到中国。让下属们都很意外的是，瑞特居然如同变了一个人，再也不盯着大家加班，而且情绪上也很平稳，能够非常好地控制自己。最让大家惊讶的是，瑞特还从美国带回来一个心理医生，在公司内部成立了心理诊室。起初，大家都不好意思直接去看心理医生，在和心理医生交流之后，他们觉得心情舒畅，这才渐渐习惯于有事没事都找心理医生聊一聊。随着心理诊室成为全公司最忙碌的地方，也是大家最愿意去的地方，整个公司同事之间、上下级之间的关系都好多了，而且工作效率也得到了提升。

不管是在生活中面对那些琐事，还是在工作中不得不承担起艰巨的任务，每个人都难以避免会产生焦虑的心理，也可能需要心理医生的帮助才能更好地面对生活，处理好工作。现代社会，很多公司都意识到心理问题的严重性，都自发成立心理诊室，为员工们的心理健康保驾护航。看起来成立心理诊室给公司增加了经济上的负担，实际上当绝大多数员工每天都能心情愉悦地工作，所获得的回报一定远远超过建立心理诊室的付出。

脱焦健身房

为何非要寻找心理咨询师呢？

1. 专业指导

心理咨询师拥有专业的心理学知识和临床经验，能够为个体提供科学的心理评估和诊断。他们能够识别焦虑的根源，并提供有效的治疗方法，帮助个体建立起更健康的思维模式和应对策略。

2. 安全的倾诉环境

心理咨询师提供一个保密和无评判的空间，让个体可以自由地表达自己的感受和想法。在这样的环境中，个体可以摆脱外界的压力和期望，真正地面对自己的情绪和问题，这对于缓解焦虑至关重要。

3. 持续的支持与监测

与心理咨询师合作，个体可以获得持续的支持和关怀。心理咨询师会监测个体的进展，并根据需要调整治疗计划。这种定期的反馈和调整有助于确保治疗效果，并能够及时发现和处理复发情况或新出现的问题。

通过这三个方面的帮助，心理咨询师不仅能够帮助个体理解和管理焦虑，还能够提升个体的整体心理健康水平。在心理医师的协助下，个体可以学习到更多自我帮助的技巧，增强自我效能感，从而在未来独立应对生活中的挑战和压力。

PARENTAL EDUCATION

一本孩子们都希望父母看到的家教书，听说有远见的父母都看过这本书！

父母的教育

[日]西村博之 著　佟凡 译

日本亚马逊
家教类畅销榜
TOP10

日文版上市后持续热销中
满分5星，读者热评4.3星

日本著名实业家西村博之首次
以独特视角讲述教育经和育儿经

民主与建设出版社

《**父母的教育**》
定价： 39.80 元
书号： 978-7-5139-4080-1

全新权威全译版本
俄国原文原汁原味直译

МУДРОСТЬ
родительской

给父母的建议

ЛЮБВИ

[苏] B. A. 苏霍姆林斯基　著

吴兴勇　译

教育思想泰斗
苏霍姆林斯基
教育经典巨作

畅销全球 **30** 余年
千万家庭口碑相传的育儿宝典
关于家庭、婚姻、子女教育……
父母遇到的每一个困惑和疑问，看这一本就够

民主与建设出版社

《给父母的建议》
定价：45.80 元
书号：978–7–5139–4190–7

《儿童全脑教养法》

定价: 49.80 元

书号: 978-7-5139-4165-5

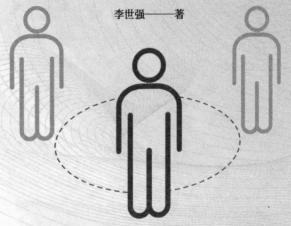

国与国之间有国界，人与人之间有边界

BOUNDARY THINKING

边界思维

李世强——著

BOUNDARY
THINKING

李世强——著

8个板块　71个故事
认清个人与他人的界限
建立社交边界感和分寸感

每个故事
都是一次心理认知的反思和成长
都是一次社会认知的改变和突破

人们做事喜欢讲个"度"，这个"度"就是边界意识

台海出版社

《边界思维》
定价：39.80 元
书号：978-7-5168-4021-4